阅己妈妈 自然馆

U0349284

大自然启蒙教育书系 3

带孩子出游
常见农作物

阅己妈妈 主编

国内第一套真正原创的

"亲子·游玩·娱乐·科普"

读物！

中国农业科学技术出版社

图书在版编目（CIP）数据

带孩子出游常见农作物 / 阅己妈妈主编 . — 北京：
中国农业科学技术出版社，2016.1
（大自然启蒙教育书系）
ISBN 978-7-5116-2151-1

Ⅰ . ①带… Ⅱ . ①阅… Ⅲ . ①作物－儿童读物
Ⅳ . ① S5-49

中国版本图书馆 CIP 数据核字（2015）第 134908 号

责任编辑　张志花
责任校对　李向荣
内文制作　韩　伟

出 版 者　中国农业科学技术出版社
　　　　　北京市中关村南大街 12 号　　邮编：100081
电　　话　（010）82106636（编辑室）
　　　　　（010）82109702（发行部）
　　　　　（010）82109709（读者服务部）
传　　真　（010）82106631
网　　址　http://www.castp.cn
经 销 者　各地新华书店
印 刷 厂　北京卡乐富印刷有限公司
开　　本　740mm × 915mm　1/16
印　　张　12.5
字　　数　175 千字
版　　次　2016 年 1 月第 1 版　2016 年 1 月第 1 次印刷
定　　价　36.00 元

人物介绍

我们是相亲相爱的一家

尚尚

聪明活泼的8岁男孩，爱冒险更爱刨根问底，是个充满爱心的小朋友。

佩佩

漂亮可爱的6岁女孩，有点儿胆小，但却不娇气，是全家人的开心果。

爷爷

和蔼的爷爷兴趣广泛。他认为最惬意的事就是坐在摇椅上看书，学会上网之后，喜欢坐在摇椅上用平板电脑浏览每天的新闻，尤其喜欢和孩子一起上网查找资料。

爸爸

幽默开朗的爸爸是孩子们的保护伞，他总是慢条斯理地为孩子解答各种稀奇古怪的问题，遇到答不上来的，他还会和孩子一起耐心地查找资料、寻找答案。

奶奶

被全家称为"后勤总指挥"的奶奶负责全家的日常事务，她最喜欢在户外旅游时收集各种野菜种子，回家后在阳台开展"野菜培育计划"。

妈妈

热爱大自然的妈妈热衷于搜罗各种户外旅游资讯，特别擅长把在野外收集的各种素材进行整理和保存，被全家称为"百宝箱"。

前 言

亲爱的爸爸妈妈们：

你们好！

和孩子一起亲近大自然是一件多么美妙的事情！呼吸呼吸户外的新鲜空气，看一看（视觉）郁郁葱葱的丛林，听一听（听觉）树上鸟儿的鸣叫声，闻一闻（嗅觉）野花的芬芳，尝一尝（味觉）野果的味道，摸一摸（触觉）湿润柔软的泥土……

孩子们正是通过五官感觉、认知周围的世界。当感觉器官得到充分刺激时，大脑各部分就会积极活跃，孩子就会更加聪明伶俐。

"妈妈，金银花为什么会有两种颜色？"

"爸爸，蜗牛爬过的地方为什么湿漉漉的？"

"妈妈，黄瓜明明是绿色的，为什么要叫'黄瓜'呢？"

"爸爸，快看，这种树皮像迷彩服，这是什么树啊？"

正在汲取知识养分的孩子们，对大自然充满了好奇，他们总会缠着爸爸妈妈没玩没了地问问题。让爸爸妈妈感到尴尬的是，很多问题做家长的也不一定知道——大自然中动植物的奥秘真是太多了！

"宝贝，这个问题——我也不知道！"当你这样回答他（她）的时候，你知道你的宝贝会多失望吗？

带孩子到大自然中去边玩边学，做孩子的大自然启蒙老师，不再对孩子提出的问题一问三不知——这就是我们编写这套《大自然启蒙教育书系》的初衷。这套书系分《带孩子出游常见野花草》《带孩子出游常见小动物》《带孩子出游常见农作物》《带孩子出游常见树木》等几个分册。

现在快来瞧瞧，这本《带孩子出游常见农作物》中有哪些内容吧！

尚尚（佩佩）日记 →

尚尚（佩佩）对农作物的观察日记，和自己孩子的日记比一比谁写得好？好词好句可让孩子背下来，将来写作文的时候可以用到哦！

小小观察站 →

如何启发孩子细致的观察和思考？这里会有一些提示。

农作物充电站 →

如何深入浅出地向孩子讲述农作物知识？这里一定能帮到你。

农作物关键词 →

对农作物专业知识进行解释，让孩子了解最基础的专业知识。

农作物故事 →

关于农作物的民间传说和有趣故事，能增强孩子的阅读兴趣哦！

农作物游乐园 →

用农作物叶、秆等作材料进行亲子游戏，增强孩子的动手能力，悦享亲子时光。

希望爸爸妈妈和每一位小读者都多多接触农作物，不仅要能区分和了解常见的作物品种，更要爱护它们，珍惜它们。与农民朋友一起感受农家丰收的欢乐吧。

最后，感谢为本书编写付出努力的各位老师，他们是：水淼、余苗、丁群艳、华颖、赵铁梅、卢缨、武海、王晋菲、周亮、雷海岚、蒋淑峰、肖波、曹爱云、胡敏、汤元珍、尤红玲、刘芹、朱红梅、张永见、王红炜。

阅己妈妈编委会

目录

Part 3：菜园子里的美味

Part4: 生长在山上的美味

Part 5: 在池塘中生长的食物

Part 6: 常见果实

Part 1

农田里看到的粮食

　　黄昏时节，耕耘了一天的农民带着喜悦的心情收工了。霞光映红了他们黝黑的脸庞，落日的余晖把他们的身影拉得很长很长。

　　看，稻田里金黄色的谷穗，像狼尾巴一样向下垂着；红得似火的高粱穗，缀满闪光的珍珠；像大棒槌一样的玉米棒子，捋下自己的胡子，露出了饱满的金黄的玉米粒，呲牙咧嘴地笑着……抬眼望去，遍地一片丰收的景象。

水稻，
养活世界近半人口

别名：稻谷、谷子、稻

佩佩日记

　　终于有机会去体验插秧了。刚走到田野上，空气中就弥漫着水稻秧苗的清新气息，好舒服！看着伯伯向田里甩了几捆秧苗后，爸爸就卷起裤管下田了，我也迫不及待地往田里跳。哇，泥好软，脚陷了进去，水也一下子浸到了膝盖。来不及玩耍，我也拿起秧苗学着他们的样子，用拇指和食指捏住，把它们插进泥土里。可是很奇怪，爸爸插的没散开，我插的却散开了。

　　这是为什么呢？爸爸看出了我的疑惑，放下手里的活儿，来到我的身边，"佩佩，你把秧苗插得更深一点就行了！"我赶紧把散开的秧苗重新聚拢起来，再次捏住，深深地插进稻田里。这次，秧苗终于老老实实地站在稻田里了。

小小观察站

猜一猜一棵稻谷上大概有多少粒大米，然后数一数，你猜得对吗？

小朋友见过水稻花吗？水稻花很小，需仔细观察才能发现。

爷爷，稻谷必须长在有水的田里吗？

不一定，除了水稻，还有旱稻呢！

水稻的种子就是稻谷，稻谷去掉外壳后就是我们吃的大米。世界上有近一半的人口都以大米为食。

农作物充电站

　　稻的品种有很多，如果按生长所需要的条件（水分灌溉）来区分，可以分为水稻和旱稻（也叫陆稻）。生长在地上的旱稻因为产出的稻米没有水稻多，而渐渐被水稻取代，现在只有北方的稻区里才能见到旱稻。水稻的果实叫稻谷，稻谷去掉外壳之后就是我们吃的大米。大米除了可以食用，还可以酿酒、制糖、做工业原料等，而水稻的稻壳、稻秆可以加工成饲料，供猪、牛、羊等牲畜食用。

农作物游乐园

　　用稻草玩"揪尾巴"的游戏吧！把几根稻草编成"长辫子"，放在裤子后面露出一小段就成了尾巴。小伙伴们你追我赶，谁的"尾巴"被揪下来谁就输了。别看游戏简单，要想在揪别人尾巴的同时还保护好自己的尾巴不被揪掉，这可是挺难的哦！

水稻的秧苗在秧田里长到二十多天时，就要移植到四周有堤的水稻田里生长。农民们就要开始插秧啦！▶

稻草除了可以喂给家畜吃，
▶ 还可以用来编草绳、草鞋、蓑衣等。以前乡下很多房子都用稻草做屋顶呢。

小麦，
面食的主要来源

别名：浮小麦、空空麦、麸麦（fū）

尚尚日记

　　麦收时节，田里满眼金色的麦浪如一片金色的大海！我自告奋勇跟着爷爷学习割麦子。爷爷教我用左手把麦秆拢起来，右手紧紧地握着镰刀，然后把刀口往麦子根部一沉。只听"唰"的一声，一撮麦子就整整齐齐地被割下来了。

　　这也太简单了！我拿起镰刀认真地模仿爷爷的动作。几番汗流浃背后，我自认为可以向爷爷挑战了，就冲着他喊："爷爷，咱们比赛吧！"爷爷欣然同意，我就弓起腰，撅着屁股，埋头往前冲。累得腰都快直不起来了，当我抬头想休息一会儿时，却发现爷爷早已割完了比赛的那一垄，正割着另一垄呢！

小小观察站

为什么有的地方在春天种麦子，而有的地方却冬天种麦子呢？

提示：因为麦子有春小麦和冬小麦之分。

▼ 小朋友知道吗？馒头、面包、饼干、挂面等都是用小麦面粉做成的。

农作物充电站

在春天播种的麦子叫春小麦，在冬天播种的麦子叫冬小麦。冬小麦的抗寒能力非常强，俗语"冬天麦盖三层被，来年枕着馒头睡"，就是说冬天的小麦被厚厚的积雪盖住，不仅不会被冻死，反而还会长得更好。

小麦不仅能磨成面粉制作成面点，人们还把小麦贮存起来，添加一些原料等它发酵，一段时间之后就变成了酒——这就是啤酒啦。麦草能制成饲料，也可以铺设在屋顶防雨，而麦秆既可以编成实用的工具或者工艺品，也可以用来造纸。

大麦和小麦小朋友能分清吗？这是一片大麦。它们的麦芒比小麦的要长，而且它们成熟后的颗粒不如小麦的饱满。▶

kē
青稞，
藏族人民喜爱的粮食

别名：裸大麦、元麦、米大麦

佩佩日记

　　地里的青稞已经抽穗扬花，一株株直挺挺的茎上顶着沉甸甸的穗头。长圆形的穗头上有长长的芒刺。我伸出手去摸，还有点儿扎手。妈妈边伸手去摸边说，青稞刚长出的芒刺很软，并不扎手。但当它们抽穗扬花时，穗上的籽粒儿被壳裹得紧紧的，壳内籽儿正在灌浆，穗头轻，等它们渐渐成熟，穗头饱满沉甸甸的低下头时，芒刺就渐渐变硬，容易扎手。穗顶上有长长的芒刺，而穗身上长满了细刺毛。听了妈妈的话，我又试探着用指尖轻轻捏住青稞穗看了看，上面果然有密密麻麻的小刺毛，毛茸茸的。

把成熟的青稞晒干之后，就可以研磨成粉做成美味的食品了！

小小观察站

为什么青稞在西藏长得很好，而在其他地区都长不好，结出来的颗粒又小又瘪（biě）?

农作物充电站

在所有粮食作物中，青稞是为数不多的既可以野生，又可以由人工培植的物种。青稞能忍受寒冷和干旱，也更喜欢太阳的照耀。当海拔达到4 200米以上，几乎所有培植品种都无法成活时，而只有青稞能顽强地成长、抽穗扬花。我国的西藏刚好具备了青稞所需要的各种生长条件，它们在西藏生长得特别苗壮，为西藏人民提供了宝贵的食粮。

农作物游乐园

当青稞熟透后，拣一些头大、籽粒饱满的穗头，把长穗头的茎拦腰折断，扎成一把把的小捆儿，再在大人的帮助下用火将这些小捆儿烧去芒刺，将包着籽儿的壳也烧去一半，然后放到簸箕（bò ji）里揉搓，让绿珍珠似的籽儿滴溜溜地滚出来。

如果有机会到西藏，一定要品尝青稞制作的糌粑（zān ba）。吃糌粑得先把酥油溶化在热奶茶里，然后再加上一些磨成粉的青稞，慢慢搅拌之后用手捏成小团直接放进嘴里吃。

玉米，
粗粮中的佼佼者

别名：粟米、苞谷、苞米

佩佩日记

　　玉米的叶子像一把宝剑，尖尖的，边上还有像锯齿一样密密麻麻的毛刺。一不小心，就可能被它划伤。我好奇地用手摸摸，发现叶子朝下的那一面长了许多小细毛，而朝上的那一面却十分光滑。我在高大的玉米秆里穿行，感觉自己变成了小矮人。突然，有什么东西落到了我头上，我赶紧用手一抹，原来是玉米须，软绵绵的，像胡须一样，弄得人直痒痒。

　　我轻轻掰下一个玉米，一层一层剥开，大概有十几层叶壳，颜色由深到浅一层层包裹着里面的玉米棒。当我剥开最后一层薄薄的叶壳时，露出了一个黄黄的"胖娃娃"。这么光滑漂亮的颗粒，真舍不得吃了它。

小小观察站

　　玉米也会开花，找找看，玉米的花在哪里？

　　提示：每个玉米棒都顶着一头红发玉米须，这些玉米须就是玉米的花。

▶ 除了常见的黄色玉米、白色玉米，色彩绚丽的彩色玉米小朋友见过吗？

农作物充电站

　　为什么小小的玉米能爆出爆米花？这是因为玉米的外壳比较坚硬，放进炉里后，玉米里面的水分和淀粉是在二百多度的高温下，但水蒸气跑不出来，玉米粒内部的压力越变越大，迅速膨胀，最后终于"砰"的一声爆开了，就成了爆米花。当然，并不是每种玉米都能做爆米花，因为不同品种的玉米粒含有水分、蛋白质和淀粉的成分比例不一样，像那种吃起来又甜又多汁的水果玉米就不行。

有一种叫"爆裂玉米"的玉米品种能爆出最好吃的爆米花。▶

高粱，
吃不倒的"铁秆庄稼"

别名：蜀黍、桃黍、木稷^{ji}

佩佩日记

　　"在灰茫茫的土地上，只有耐得住大自然折磨的强悍的高粱品种。它正直的秆子，硕大而血红的穗头紧紧地抓住土地的根，它是多么的令人敬佩！"这是我们学的课本里的一段文字。每当读到这儿，我总会心有所思。当奶奶带我来到高粱地时，我终于懂得了它是如何勇敢地与生存环境抗争。它的根最苦，所有的虫子都不敢咬它。麦子、豆秧都能用手连根拔起，而高粱的根却很难拔动。高粱的身躯虽然并不十分壮硕，但却坚韧不拔，虽然根"心里"很苦，但却带给人们收获的甘甜！

小小观察站

高粱的叶片和玉米的叶片相似吗？高粱秆有什么作用呢？

农作物充电站

高粱的茎秆很高，形状像芦苇，但中间是实心的，它的叶也像芦苇，它是一种高产作物，被人们称为"铁秆庄稼"。现在的高粱有很大一部分被用于酿高粱酒。

高粱籽大部分是大小不一的椭圆形，有白、黄、红、褐、黑等多种颜色。

农作物故事

传说发明高粱酒的人叫杜康。有一次他偶然把高粱米饭放在树洞中，时间久了，高粱米饭就发酵了。杜康一尝，味道还真不错，这就是最初的高粱酒。正是因为需要许久的时间来等待高粱发酵，所以开始叫"久"，后来才有了"酒"字。如果小朋友感兴趣，可以查找资料看看从古到今，酒还有哪些名称？

提示：杜康、欢伯、杯中物、金波、白堕(duò)、壶中物、酌、酤(gū)、醍醐(tí hú)、黄封、清酌、曲生、曲秀才、曲道士、曲居士、碧蚁、椒浆、忘忧物、扫愁帚、钓诗钩等。

糖用高粱的秆可制糖浆或生食；帚用高粱的秆穗可制笤帚(tiáo zhou)或炊帚。

农作物游乐园

和小伙伴们来个拔高粱比赛，谁能拔起来就可以封为"大力士王"了！然后摸一摸它的根，把根弄断舔一舔，尝一尝根是什么味道的。

荞麦，
一身都是宝

别名：甜荞、乌麦、三角麦

佩佩日记

我在院子里的一片空地上偷偷撒下了一把荞麦。真是奇怪，才几天时间，它们竟然长成了小苗。我想给大家一个惊喜，在它们还没有"闪亮登场"前不想被发现，所以我只是瞅瞅，不敢多浇水、施肥。我想，任小苗自己长大吧！

后来，慢慢地我把这件事给忘了，当我突然记起，跑到院子里看时，啊！小苗已经神不知鬼不觉地开花了。花虽然不大，但是洁白，很好看。奶奶也发现了它们，惊喜地问是谁特意种的吗？当然是我啦！我真替荞麦高兴，它们长得真快。掐指算算日子，从撒下种子到今天才83天，荞麦已经结出了许多黑籽儿。

小小观察站

看起来挺立高贵的荞麦，在遭受风雨的冲击后，为什么就变成了一根没用的烂草？

荞麦籽的大小和米粒差不多，但它的形状很奇怪，饱满的荞麦籽是三棱锥体。

农作物充电站

有句俗话叫"春荞霜后种，秋荞霜前收"，就是说荞麦的生长时间很短，两到三个月就可以收获。荞麦的种植虽然不那么普遍，但它也有很多用途哦！它可以酿成荞麦烧酒，可以喂养鸽子。荞麦做成的荞麦包是受许多人喜爱的一道点心，荞麦皮还可以做枕头！

农作物游乐园

找一找家中谁用了荞麦皮枕头？或者和家人一起做一道荞麦美食吧！

小米，
野生的"狗尾巴草"

别名：白粱粟、籼(xiān)粟、硬粟

佩佩日记

　　今天陪妈妈到超市买小米，我学到了挑选小米的三个步骤。首先，选择颜色深的小米。妈妈说，颜色深的小米含的玉米黄素多。其次，就是闻一闻。妈妈说，新鲜的小米闻起来有一股清香味，而严重变质的小米用手轻轻一撮会有很多渣子，味道也不正常。最后，用嘴尝一尝。如果小米吃起来味道微微发甜，没有什么怪味道，说明是优质的小米；如果尝起来有点苦味和涩味，这样的就是劣质小米。下次跟爸爸去买米我要露一手给他看看。

小小观察站

小米与大米仅一字之差，但有哪些区别呢？

提示：小米小，大米大；小米一般是黄色，大米是白色；小米是粗粮，大米是细粮；小米在成为小米之前叫"粟"，大米在成为大米之前叫"水稻"。

小米穗看起来像放大的狗尾巴草，不过摸上去的感觉可和狗尾巴草完全不同哦！

农作物充电站

小米看起来像狗尾巴草，其实它就是由野生的"狗尾巴草"选育驯化而来的。小米原产地就是中国，今天世界各地栽培的小米，都是由我国传去的。它们抗旱能力超级强，所以有句谚语"只有青山干死竹，未见地里旱死粟"。我们常见的小米一般是黄色的，其实，除此以外，还有白、红、黑、橙、紫等其他颜色，所以人们说"粟有五彩"。

调养身体的时候，可少不了小米粥，因为小米粥营养丰富，有"代参汤"的美称呢！

017

燕麦，
食药两用的作物

别名：油麦、玉麦、野麦

佩佩日记

　　夏风习习，我跟着奶奶来到燕麦地，只见绿油油的燕麦苗弯着腰，不断地发出"沙沙沙"的声音。我好奇地想，燕麦穗里长燕麦粒了吗？奶奶好像看出了我的心思，果断地掐了一株穗递给我。我接住穗，拨开一看，里面全都是白色的汁水，我舔了舔，带点儿甜味，味道还不错。

小小观察站

　　燕麦这个名字难道和燕子有关系吗？它的植株和水稻、小麦等比起来有什么不同呢？

　　提示：燕麦这个名字真的和"燕"有关，因为以前的燕麦大多数是野生的，常常被燕雀当作食物吃掉，久而久之这种植物就被人们叫作"燕麦"了。

农作物充电站

　　可别小看燕麦，在中国人日常食用的小麦、稻米、玉米等9种粮食中，燕麦的价值最高，在营养、医疗保健和饲用价值方面燕麦都具有很高的价值。我们吃的莜（yóu）面就是燕麦粉做的，它特别抗饿，只要吃上一大碗，一天干活都不累。

虽然燕麦片看起来很薄，但它却含有丰富的营养，它富含的膳食纤维具有清理肠道垃圾的作用。

shǔ
黍子，
可做美味年糕

别名：黄米

佩佩日记

爷爷今天过生日，奶奶说要做糕，说过生日的人吃糕寓意高寿。奶奶用黍子（黄米）面和水按照一定的比例搓成糕样上笼，蒸熟后切成块吃。揭开蒸笼盖子，我第一眼就看到了我捏的那几个形状特别的糕，我把它们送给了爷爷，爷爷还表扬我能干呢！

奶奶说，这种没有经过油炸的叫素糕，过春节时她还会做油糕，把糕压成片，包上豆馅后用胡麻油炸成金黄色。听奶奶这么一说，我的口水都快流出来了，那种外脆里嫩、香甜可口的油糕真诱人啊！

小小观察站

观察一下黍子的叶子，有什么特色？

提示：叶子细长而尖，叶片有平行叶脉。

黍子和小米很像啊！

是啊，它们都是黄色的小圆颗粒，如果仔细观察，就能发现它们的不同了。

农作物充电站

黍子生长在北方，是耐干旱植物，也是北方的主要粮食作物之一。它的叶子细细长长，叶片上能看到清晰的平行叶脉。成熟的黍子是淡黄色的，去皮之后就是黄米，黄米磨成的面粉吃起来黏糊糊的，常用来做黄糕、酿酒。它不仅具有丰富的营养，而且还有一定的药用价值，是我国传统的中草药之一。

黍子和小米外表的区别不大，但仔细辨别会发现，小米的颗粒小，黍子的颗粒大。

Part 2

常见的经济作物

　　可爱的植物，不仅陪伴在我们身边，而且还默默地为我们提供一些生活和工业用品的原材料。它们都是谁呢？

　　我们穿的棉麻衣服，正是以棉花和亚麻为原料制作出来的；炒菜用的油，是从花生、油菜、向日葵等作物结出籽实后压榨、提炼出来的……

棉花，
犹如白云落到人间

别名：白叠子

佩佩日记

棉花地里，一株株棉花枝叶茂盛。小枝上有极像鸭掌的叶子，枝条上长着像桃子一样的棉铃，枝叶之间有许多棉花，有的已经盛开，露出了白白的花，有的含苞欲放，还有的只是花骨朵儿。

棉花的外壳一共有 5 瓣，绽放的花每瓣都是被棕色的壳包着。我轻轻地摘了挂在瓣上的洁白柔软的棉花，还兴奋地摸到了里面硬邦邦的几颗棉花籽，扯掉棉絮后，棕色的棉花籽就露出来了。接着，我好奇地走近一个青绿色的花骨朵儿，发现它的顶端有一个十字口。我用手一捏，哇，好硬啊！捏不开。真希望快到秋天，到时这里一定是雪白雪白的一片。

小小观察站

仔细瞧瞧，棉花是花吗？

▲

我们说的棉花是植物的种子纤维，并不是棉花的花朵，看，棉花的花朵是这样的！

shuò
棉花的花朵凋谢会留下绿色的蒴果，称为棉铃。棉铃里藏着棉籽，棉籽上的茸毛从慢慢生长直到塞满棉铃内部，等到它成熟时会自然裂开，露出柔软的纤维，那就是棉花啦！

农作物充电站

很久以前人们的衣着原料主要是丝和麻。丝是把蚕吐的丝编织成帛，而麻是把植物麻编织成布。有钱人家穿丝帛，平民百姓穿布衣。棉花的原产地是印度和阿拉伯，刚传入我国的时候，因为稀少而被视为珍品。宋朝以前，我国只有带丝旁的"绵"字，还没有带木旁的"棉"字呢！因为那时只有可
rù
供填充枕褥的木棉，没有可以织布的棉花。

农作物游乐园

用颜料在棉花壳上涂上颜色，做成漂亮的干花。还可以把棉花沾湿并挤干，试着擦擦玻璃或镜子，你会发现，棉花擦过的地方特别干净。哈哈，玩着玩着，没准一不留神就发明了一种清洁棉呢！

亚麻，

照亮人类服饰的光芒

别名：胡麻

佩佩日记

收亚麻可真麻烦。虽然我没亲历过，但听爷爷的描述，觉得的的确确很复杂，很麻烦。

首先，要等它们三分之一变成黄褐色，麻茎下部三分之一变成浅黄色，茎下部三分之一叶片脱落时，才能开始拔麻。拔麻时要看麻田的整齐度，再分级分片进行。而且，拔麻时，还要拔净麻、挑净草、摔净土、墩齐根，用毛麻绕捆成拳头大小把。高矮不齐的地块，也要分级拔麻，分别捆成小把，摆成扇形晾晒。当麻茎达到六七成干时，才可以运回场院保存，垛成小圆垛。垛底要稳要正，上层麻的梢部搭在下层麻的分枝处，封顶要用次麻……真像在解一道复杂的数学题。

小小观察站

亚麻种子长得像什么？放几粒亚麻种子在嘴里，尝尝是什么味道？

亚麻纤维拉力强，而且柔软，用它搓成的麻绳十分柔韧、结实耐用。

亚麻除了被用来做衣服原料，它的籽还可以用来榨油。

农作物充电站

人类最早发现并使用的天然纤维就是以植物的皮为原料，在远古的类人猿时期，人们就以树皮遮体。最早应用纺织技术的天然纤维也是植物的皮——亚麻。除了做衣服原料，亚麻还有很多作用。如按用途来分，亚麻可分成纤维用亚麻、油用亚麻和油纤兼用亚麻。

这是最简单的亚麻纺织机，虽然已经不流行了，但有些地方还可以见到。

茶叶，
到底是饮料还是药物

别名：茶、槚(jiǎ)，茗

佩佩日记

采茶的季节到了。我跟着奶奶戴着草帽，腰间绑着一个小竹篮，来到了茶园。望着那整齐的一排排茶叶，我忍不住抢先一步，专挑那些叶子大的采起来。劲头正浓时，旁边一位采茶的阿姨对我说："采茶要挑最上面的嫩芽采哦，那样炒出来的茶叶才会香！"这样啊，原来采茶还有学问。

我也认真地学着她们的样子，用大拇指和食指掐住，然后小心翼翼地把一片片嫩叶采摘下来，放到腰间的小竹篮里。望着竹篮里渐渐变多的茶叶，心里有说不出的喜悦。

将泡过的茶叶晒干后点燃，就如同蚊香一般可以驱除蚊虫，而且对人体无害，小朋友可以试一试哦！

小小观察站

采茶是采大的叶片，还是小的嫩尖呢？新鲜茶叶有香味吗？

爷爷，茶农把茶叶摘下来后为什么要炒呢？

炒茶又叫炒青，利用微火使茶叶在锅中萎凋，让水分快速蒸发，阻断茶叶发酵，并使茶叶的精华完全保留。

农作物充电站

茶叶与咖啡、可可并称为世界三大饮料。中国是茶的故乡。据说很早以前，神农氏炎帝遍尝百草，以便从中发现有利于人类生存的植物，他竟然在一天之内多次中毒，但都由于服用茶叶而得救。虽然这只是传说，但可以从中得知，一开始人们使用茶叶并不是把它当作饮料，而是当作中药来利用的。

烟草，
为什么明知有害却难以戒掉

别名：野烟、淡把姑、担不归

佩佩日记

　　爸爸给我们做了一个有趣的实验。他拿出一支烟，撕掉外面的纸，把烟丝放入一个塑料小瓶子里，然后吩咐我到厨房将小瓶装满水。

　　这是什么实验呢？我们静静地坐在沙发上，注视那个瓶子……慢慢地发现烟草浮在了水面上，水也从透明的变成了很浅的黄色。更神奇的是，瓶里的水位上升了。在我百思不得其解的时候，又看见那本来呈深土黄色的烟草变淡了许多，水的颜色却变深了。爸爸让我打开盖子闻了闻——气味不再那么难闻了，也变淡了许多。爸爸说，这是烟草里面的有毒物质分解了，全部分散到了水中。

小小观察站

把烟草泡在水里，观察水为什么会变成黄色？

提示：因为烟草里面的烟碱渗透出来迅速溶解在水里了。

香烟一点儿也不香，吸烟还有害健康，为什么不禁止生产香烟？

吸烟虽然有害健康，但并不危及生命及国家安定。就像小朋友的零食一样，多吃无益，但也不禁止生产！

农作物充电站

卷烟、雪茄烟、斗烟、旱烟、水烟、嚼烟和鼻烟等，都是烟农采收后，经过调制、分级和加工处理而成。烟草为什么深得人们的喜爱呢？因为烟草有醉人的香气，有消除疲乏和提神的作用，甚至能缓解头痛，所以人们认为烟草有神力，而并没有意识到它对身体造成的伤害。当人们认识到烟草对肺等内脏的损害时，已经有了烟瘾，不容易戒掉啦。

烟草经过加工，切割成烟丝后就制成了香烟。

大麻，
别用有色眼镜看待它

别名：山丝苗、线麻、胡麻

尚尚日记

　　人们在拔大麻，我也跃跃欲试。不想，大人们一把拔一大茬儿，我却拔一株都十分费力。可不能服输，于是我就去请教爸爸。爸爸马上给我做了个示范，只见他先弯下腰，下垂的双手十指同时张开，右手划了一个弧线揽住了一大把麻，几乎同时，左手也配合着双手攥紧，在用力拔的同时拧了一下，约二三十株麻便被乖乖地拔了出来，爸爸说："这一系列动作是连贯的，手攥住麻的位置要适当，最好在植株的中上部，也就是颈部；在用力拔的同时拧一下更容易拔出来，方法要得当。"我照着爸爸说的去拔，嘿！果然有效！看来，做什么事情讲究方法才有效率呢！

大麻的种子是椭圆形的，表面呈深红色或褐色，可以用来榨油，是油漆和涂料的原料。

小小观察站

小朋友能分辨出大麻是雄株还是雌株吗？

提示：雄株的花是圆锥形的，而雌株的花是短短的小穗。

农作物充电站

提到大麻人们往往会想到毒品、吸毒成瘾、瘾君子这些颓败的景象。其实，大麻原本是作为药物来使用的，但由于它的叶和花枝的干制品能让人在吸食后成瘾，所以逐渐被列为毒品。然而，大麻其实是很好的经济作物，它的茎部韧皮纤维又长又柔韧，不易折断，可以织麻布、帆布，也可制绳结网。而且它的种子还可以榨油，是油漆和涂料的原料。它有这么多用途，我们可不要戴着有色眼镜来看待它哦！

这是一朵漂亮的罂粟花。跟大麻一样，很多人会把它们与鸦片、毒品、罪恶联系在一起，其实它们本身没有罪，而在于被人们怎么利用。

甘蔗，
倒着吃越来越甜

别名：薯蔗、糖蔗、黄皮果蔗

尚尚日记

　　爷爷手持小刀为我和佩佩娴熟地砍甘蔗吃。那刀法真是精准！我按捺不住心中的跃跃欲试，拿过小刀，胸有成竹地昂着头对爷爷说："我来帮您！"哪知我几刀下去甘蔗未断，只留下乱七八糟、歪歪斜斜的刀痕。

　　爷爷过来教我说，"砍甘蔗要用力，要慢。"他握住我的手："喏，不要太紧，力度适中……手腕用力，像这样——"一个闪电速度，手起刀落，一根结实、硬挺的甘蔗被脆生生地斩落了。我又接连砍了好多根，真让人兴奋啊！

小小观察站

甘蔗的根部和顶部颜色一样吗？它的叶片边缘锋利吗？为什么甘蔗根部比顶部甜呢？

甘蔗汁美味甘甜，不过用牙咬太费力了。还是用机器来为我们榨汁吧！

爷爷，为什么甘蔗的根部比顶部甜很多呢？

因为甘蔗的糖分存在根部，根部越接近地面，甜度就越高。

农作物充电站

甘蔗的身体是一节一节的，它也正是一节一节慢慢长高的，跟竹子一样。由于这个特殊的生长习性，人们常在一些重要节日庆典时用甘蔗来讨个好兆头，希望一切农作物越来越好，歇后语"出土甘蔗——节节高"就是这个意思。

农作物关键词

倒吃甘蔗：甘蔗的根部要比顶部甜，那是因为植物的叶子经过光合作用，产生了葡萄糖等有机质，然后经过植物茎部纤维传输到植物体内，根部在成熟期生长缓慢，所以能量消耗少，糖分分解少，而顶部生长旺盛，所以分解的糖分多，因而根部比顶部甜，所以有句俗语叫"倒吃甘蔗"。

甜菜，
甜不甜叶子说了算

别名：恭菜、红菜头
(tián)

佩佩日记

　　甜菜平时很难见到，不过我和尚尚却在外婆家的菜地里发现了它们。

　　那天，我和尚尚跟着外婆走着走着，发现一处地长了很多小小的、绿绿的菜，外婆告诉我们那是甜菜。尚尚赶忙跑到了我前面，他不管三七二十一，抢起袖管用手揪起了甜菜的叶子。谁知，往后拔时，只听"扑通"一声，与泥土来了个"亲密接触"，而那株甜菜呢，根没拔出来，叶子倒断了。我和外婆笑得前仰后合。这时，外婆从篮子里拿起小刀，对准甜菜根儿一划，哇，整株甜菜被挖出来了！我们心情大好，让外婆只管休息——晚餐要吃的甜菜就交给我们吧。

▲

甜菜菜头是红色的，切开后里面是红色的，加水熬制的汤汁也是红色的！尝一下，真甜啊！

小小观察站

切开红红的甜菜菜头，注意观察里面有一圈圈的"晕"，是不是很像树的年轮呢？

奶奶，甜菜是甜的吗？

当然，甜菜和甘蔗的糖都是制作蔗糖的原料。

农作物充电站

甜菜分糖用甜菜、叶用甜菜、根用甜菜、饲用甜菜。看看这些名字，小朋友就知道不同甜菜的不同用途了吧？糖用甜菜就是用来榨糖的，而饲用甜菜是给动物吃的。

甜菜之所以那么甜，全是叶子的功劳！叶片是植物主要的光合作用器官，甜菜的块根埋在泥土里，全靠叶片这些"加工车间"来制造糖分，毫不夸张地说，甜菜甜不甜都由叶的好坏来决定。如果我们在农田里见到甜菜，可不要随意拔它们的叶片哦！好好保护它们，才能让下面的块根越长越甜。

油菜籽，
除了榨油还能做什么

别名：芸薹（tái）

佩佩日记

　　油菜花开了，开得那么旺盛，那么朝气蓬勃。成片的金黄映着浅蓝的天空，场面是那样的壮观！瞧，它们手拉着手，仰首对着天空摇摆，还有那翩翩起舞的蝴蝶和小蜜蜂飞舞于花间忙忙碌碌采着蜜。我和妈妈都无法抗拒油菜花的美丽，情不自禁地走向了油菜沟，徜徉在金色的海洋里。走着走着，我发现了一株不一样的油菜花，它的金黄中带有一抹淡白，透出一抹浅绿，片片花瓣薄得有几分透明，几许晶莹。更可贵的是，同一株油菜上，有各种花开的形态，有的是含苞待放，黄绿的花苞鲜嫩可爱；有的是似绽未放，像害羞的小姑娘，只露出一点点笑脸；有的是刚刚绽放，几只小蜜蜂在迫不及待地给它们传播花粉……

小小观察站

剥开细长的豆荚，看看油菜籽长得像什么？掐碎油籽，闻闻，会不会有股菜油的味道？

金黄的油菜花田会吸引无数蜜蜂前来采蜜，油菜花是自然界最重要的蜜源植物之一。 ▶

农作物充电站

油菜花有淡淡的花香，它的 4 片花瓣十分精致，整齐地围绕着花蕊。仔细看看，能发现花瓣上有着细细的纹路，很像技艺高超的雕刻家精雕细琢出来的作品。

油菜花凋谢后就长出油菜籽，油菜籽包裹在细细长长的豆荚里面，到夏季成熟时，豆荚会开裂散出油菜籽，菜籽的颜色是紫黑色或黄色。油菜籽榨出来的菜籽油可以炒菜，而榨完油之后的残渣是西瓜最好的肥料呢！

▲
油菜花凋谢后长出油菜籽荚，油菜籽在荚里面由绿转黑逐渐成熟，收获后人们用其来榨油。

芝麻，
为什么开花节节高

别名：胡麻、白麻、油麻

佩佩日记

　　院子里一个花盆中突然冒出了一截小苗，妈妈左看看右看看，便断定说是芝麻。我不敢相信："这儿又没丢芝麻，哪儿来的呢？"妈妈说可能是鸟儿衔来的吧！

　　一株芝麻？我立刻来了精神，找来放大镜仔细地观察起来。啊，它的秆比其他植物粗了不少，上面点缀着不少绒毛，摸一摸，还有点儿扎手呢。它的叶子是椭圆形的，全部向上生长，中间是茎，从茎上又分出不少的小茎，像人体的血管……虽然它不请自来，我还是决定好好照顾它，让它在院子里开花结果。

小小观察站

小朋友，有没有发现芝麻一般和矮秆的作物"相伴"种植？

提示：芝麻的茎秆直立，遮阴的面积少，比较耐旱，而矮秆作物比如豆类比较耐湿，把它们混种可以让其取长补短，有利于预防旱涝。

芝麻有黑、白两种。所含成分基本相同，食用以白芝麻为好，药用则以黑芝麻为好。

农作物充电站

人们常说"捡了芝麻，丢了西瓜"，比喻人们做事因小而失大，事实上芝麻虽小用途却很大。芝麻是我国主要的油料作物之一，我们吃的香油就是从芝麻种子中提取的。香油不仅可做食用，还有医药用途呢，它也是很好的按摩油和解毒剂！小朋友可能还不知道，芝麻还可以供工业制作润滑油和肥皂；而从芝麻的花和茎中可获取制造香水所用的香料。芝麻油燃烧所产生的油烟，可以制造高级墨汁；芝麻的茎秆可做燃料。这么看来，芝麻浑身都是宝。

进入成熟期的芝麻每开花一次，就拔高一节，接着再开花，再继续拔高，开花就意味着结籽。所以，生活中我们用"芝麻开花节节高"来形容好上加好。

花生，
地上开花地下结果

别名：落生、落花生、长生果

佩佩日记

　　正是春末夏初的时期，我见花生棵上开出了许多小黄花，一时兴起，正准备摘几朵玩，谁知奶奶看见了，连忙阻止我说："不能摘，你摘一朵花就少结一个花生呢。"

　　我疑惑不解地问："为什么花生地上开花，却长在地下？"奶奶笑着回答说："花生不像其他果实一样高高的挂在枝头，让人一见就喜欢，而是把果实埋在地下，它的花谢了以后，花根就扎进土里，最后就形成了花生。"原来是这样呀！我赶紧缩回了手。

小小观察站

拔起一株已经结果的花生棵，数数看，这株花生棵下面结了多少颗花生？

花生又叫长生果，象征长生不老。

爸爸，花生长在土里怎么吸收营养呢？

土壤里有花生需要的营养，而且花生还能从空气中吸氮气作为自己的养料呢！

农作物充电站

花生从播种到开花的时间很短，只需要一个多月，但花期却长达两个多月。花朵慢慢枯萎后，会从花管里长出一根果针，这就是花生最初的样子。果针越长越胖，开过花的枝干承受不了它们的重量就渐渐地垂向地面，直到表皮渐渐变硬的果针埋进土里。当果针进入泥土大概5厘米时，它就开始横躺着，身体表面长出茸毛，可以直接吸收土壤里的水分和各种养分了。就这样，一颗接一颗的种子相继形成，表皮逐渐皱缩变成硬壳至成熟，就形成了我们所见的花生果实啦！

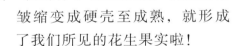

一般植物开花之后，花朵慢慢凋谢，而在原来花朵的位置就会逐渐长出小果子，但花生的花朵是开在枝上，而果实结在地下。

向日葵，
花盘向着太阳转

别名：朝阳花、转日莲、向阳花

佩佩日记

在奶奶家门前，种着几株特别高的向日葵。据说向日葵最高能长到 7 米，真是花朵中的"巨人"啊！它的花像个大圆盘，圆盘边上是一圈黄色花瓣，圆盘中心是它的种子。

早晨，太阳从东方升起，向日葵也面向东方；傍晚，太阳落到西边，向日葵也跟着转向西边，所以它的别名又叫太阳花。向日葵中央长着细小的葵花籽，许多鸟儿都会惦记这美味的种子呢，就连我也禁不住想念那香香的味道。每年向日葵种子成熟的季节，奶奶都会剪下沉甸甸的花盘，送一个给我玩，我边玩边抠着吃，嘴里香滋滋的，心里美滋滋的！

小小观察站

在一天之中，观察向日葵花盘的方向，上午花盘朝向哪方？下午呢？再观察其他植物，是否面向阳光的那一侧生长得比较茂盛？想想为什么。

向日葵的种子叫葵花籽，就是我们常吃的瓜子，瞧，排列得多么整齐！

农作物充电站

向日葵顶端有一种能够刺激细胞生长的激素，叫生长素。这种生长素很容易受到光的影响，为了获得更多的生长素，向日葵的茎就产生了向光性弯曲，花盘就总是面向太阳想要获得更多的阳光。

其实这种现象在其他植物花卉中也存在，只不过不像向日葵表现得这么明显。很多植物的枝叶或花盘不会大幅度旋转，但如果仔细观察就会发现，经常面对太阳的那一面会比太阳晒得少的那一面长得茂盛得多。

农作物游乐园

　　向日葵的花盘就像一个圆圆的大脸，可以试着拔掉花盘上的部分葵花籽，在它的脸上塑造出眼睛、鼻子和嘴巴来。

▲

去乡下玩时会有不少农民在路边贩卖向日葵，买下一个花盘，在抠出里面的新鲜瓜子之前可以为向日葵进行各种造型哦！

▼

61
蓖麻，
有毒的工业原材料

别名：大麻子、草麻

佩佩日记

春天，蓖麻籽长出了嫩芽。慢慢地，两片芽叶脱落，绿油油的叶子从芽叶中间冒出来，能很清晰地看到叶子边缘有很多锯齿。夏天时，蓖麻的茎和枝交叉的地方长出了许多黄色的小花。爸爸说，开花的地方将来要结出蓖麻籽。果然没多久，花朵就变成了一个个小绿包包，包包的表皮有许多小刺儿。蓖麻由绿色变成了褐色，它的皮慢慢变硬，小刺儿也有些扎手了。

秋天，蓖麻就结果实了。它的果实是绿色的，一串一串的，它身上绿色的嫩刺很软。随着果实不断成熟，颜色也逐渐变黄，果实变干并裂开，露出黑色的籽粒，一瓣一瓣的，我数了数，一颗果实里有5~6颗。软软的绿刺变得坚硬，如果不小心还可能在皮肤上划出淡淡的血印呢。

小小观察站

　　猜猜蓖麻毒素是藏在蓖麻籽里，还是植物茎干的裂口处流出的浓浓的奶白色的浆液中呢？

农作物充电站

　　蓖麻籽里含有一种蓖麻毒素。这种毒素会对人体产生不良影响，而蓖麻的茎干裂口处流出的奶白色的浆液就是有毒的！既然有毒，可人们为什么还要种植呢？这是因为蓖麻是经济性油料作物。因为蓖麻油的黏度高，不容易凝固成块，所以常作为化工、冶金、印刷等工业和医药的重要原料，特别是现代航空工业的发展，需要不冻结的润滑油，蓖麻油就成了制造润滑油的理想原料。

农作物游乐园

　　几个小伙伴各持一颗蓖麻籽儿，用拇指和食指捏着，将几颗蓖麻籽的头对在一起，同时用力，看谁的更硬，失败的一方籽粒会被顶裂，发出"咔吧"一声响，露出白色的瓤，油乎乎的。

▲ 密密麻麻的蓖麻籽看上去很像许多小刺球。　　　　▲ 蓖麻籽颗粒均匀，但是表面油油黏黏的。

橡胶树，
会"流泪"的树

别名：三叶橡胶树、巴西橡胶树

尚尚日记

　　佩佩拿了几根橡皮筋，要教我变魔术。我心想有什么好玩的呢？只见她娴熟地用橡皮筋勾出了五角星，这忽然勾起了我的兴致。随即，又见她把橡皮筋放在中指和食指上，然后把手展开，橡皮筋就到无名指和小拇指上去了。她说，这个魔术叫快滑手指。

　　"还能变什么魔术呢？"她没回答。只见她将橡皮筋的一头套在大拇指上，另一头顶在了食指上。"啪"的一声，橡皮筋就从大拇指上旋转下来。她说，这个魔术叫飞轮旋转。哇塞，小小的一根橡皮筋，能玩出这么多花样，真有趣。我不禁研究起橡皮筋来："它是什么做的呢？""橡胶呗"，佩佩似乎觉得这个问题不值得一问。

小小观察站

切开橡胶树的树皮，仔细观察，会发现有乳白色的胶汁缓缓流出，难怪有人说它是"会流泪的树"。

割下来的液体橡胶闻起来有混合着树木清香的味道。 ▶

农作物充电站

橡胶树的印第安语意思是"流泪的树"。很早以前，只有南美的印第安人对橡胶树进行非常简单的开采和利用。他们用刀把橡胶树的表皮割破，里面流出胶乳，凝固干燥之后，他们视之为财富、珍品。现代社会，人们利用先进的设备和工艺，对橡胶树上的胶进行提炼和加工，制成具有弹性、绝缘性、不透水、不透气的材料，像汽车上的轮胎、洗碗用的手套，都是用橡胶作为原材料制作而成的。

需要注意的是，橡胶树的种子和树叶都有毒，要是不小心吃下2粒种子，很快就会引起中毒，严重时致人昏迷，所以在野外玩耍时，一定注意不要随意吞吃野果哦！

这些都是橡胶制品！天然橡胶有很强的弹性和良好的绝缘性、可塑性、隔水性等特点，所以被广泛运用在生活中。

---

zōng lú
棕榈树，
"鱼籽" 究竟是花还是果

别名：唐棕、拼棕、中国扇棕

尚尚日记

今天，邻家姐姐教我用棕榈树叶编织了绿色的玫瑰，这朵玫瑰真是清新脱俗，淡淡香味沁人心脾呀！

做玫瑰花需要的材料是一片棕榈叶、一条棕榈叶茎和一把小剪刀。把棕榈叶拿在手上折叠、翻转，直待叶子翻尽，花的形状就出来了；再另取一条细长的叶，将主茎缠起来做成玫瑰花枝；最后剪出玫瑰花叶的形状，插在花枝的缝隙间。仅仅几分钟时间，玫瑰花就在手中"舒展开放"起来了。

小小观察站

人们喜欢把嫩棕榈叶插在沙子里。想一想，这是为什么呢？

提示：把棕榈叶插在沙子里能让叶片保存的时间更久。

农作物充电站

我们在路边、海岸边经常会看到高大的棕榈树，它们树势挺拔，叶色葱茏，很适于四季观赏。它们的身上有很多宝贝，叶子看起来很像一把把大扇子，实际上富含纤维的叶片真的可以编织成扇子、棕榈帽子等工艺品。棕榈木材可以制器具，果肉和果仁能分别榨出棕榈油和棕榈仁油，与大豆油、菜籽油并称为"世界三大植物油"。

农作物游乐园

用棕榈叶能编织出形态各异、栩栩如生的小动物，也可以制作蒲扇，夏天，农村大树下乘凉的老爷爷手里大多拿的就是这种棕榈扇。如果有机会的话，动手试试，小朋友你能做出什么好玩的东西来呢？

▲

棕榈叶柔软而坚韧，做出来的手工制品可以保持长时间不变形。小朋友能用它们做点什么吗？

油桐树，
花如天降小雪

别名：油桐树、桐油树、桐子树

尚尚日记

　　油桐树虽然光滑。但是因为长得不高，发的树杈又多，很容易爬上去。看到树上挂满了油桐果，我禁不住爬上树，分开绿色的枝叶，果断地摘下了一只油桐果。

　　油桐果形似核桃，很诱人，同伴见我馋得想尝一口，连忙阻止我说："不能吃！它的毒性很强，它的叶、树皮、根都有毒，果实的毒性最大。"还挺博学的嘛，我对同伴翘起了大拇指。

小小观察站

瞧瞧油桐树的叶片和叶柄的连接处，是什么呢？

提示：是腺体，外形长相类似一对小小的螃蟹眼，能分泌甜甜的蜜汁。

农作物充电站

油桐是我国著名的木本油料树种，它的种子具厚壳状种皮，宽卵形。种子提炼出来的油——桐油是一种优良的干性油，也是重要的工业用油，能制造油漆和涂料等，但是不能食用。

人们称油桐树的花朵为"五月雪"。因为花朵盛开时，白花簇簇，空中、大地上好像都飘起了雪白的花雨，宛若天降雪花一般，所以就有了这个美丽的名字。

Part 3

菜园子里的美味

　　春天，绿绿的卷心菜笑开了花儿。夏天，黄瓜的头上戴着一朵小黄花，红彤彤的辣椒有一张尖尖的嘴巴。秋天。长在秧上的茄子穿上了紫色的紧身衣，而南瓜的身体胖胖的，衣服橙黄橙黄的，圆圆的西红柿藏在绿叶中，像羞红了脸的小姑娘。豆角的肚子里装着很多圆圆的小宝宝，掰开来小宝宝一个个迫不及待地跳了出来。冬天，水灵灵的萝卜把头埋在地下，像是在和人们捉迷藏。一棵棵大白菜却昂首挺胸，丝毫不惧凛冽的寒风。

　　一年四季，红色、黄色、绿色、紫色，点缀在美丽的菜园子里。

葱姜蒜，
厨房三宝

别名：青葱、大葱

别名：蒜头、独蒜、胡蒜

别名：生姜、白姜、川姜

佩佩日记

　　葱姜蒜是妈妈的"厨房三宝"。我家的葱能"随叫随到"。因为妈妈把葱种在阳台上的大花钵里，不用费心照看，它总能安安静静地生长。有时候，妈妈做菜做到一半才想起没有准备葱，就叫我去拔几根来。每一次，我"得令"而去，都是挑长的掐了来。妈妈切碎，或放到汤里或撒在菜上，那菜和汤被浸润了点点绿色，霎时变得活色生香起来，浅浅喝一口或尝一口，满嘴都是葱香味。

小小观察站

　　放在阳台上的大蒜会变空，大葱会变干，姜也会慢慢萎缩变得皱巴巴。这是为什么呢？小朋友可以试试用锡箔纸把它们分别包起来，看看会发生什么变化？

　　提示：因为水分流失了。如果我们把葱姜蒜放在保鲜袋里或者存放在冰箱保鲜盒里，就会看到大蒜长须，大葱发芽，姜长出了姜芽。因为保鲜袋和保鲜盒有效地留住了水分，保存环境湿润了，它们就能继续生长。

大葱翠绿粗大的茎管，顶着球形花团，是不是也很漂亮呢？ ▶

葱和蒜开出的花虽然小，却很美丽。

农作物充电站

葱：葱除了调味，还能作为中药食用，如果不小心受凉感冒了，可以吃点鲜葱葱白或用葱白熬水喝，让身体出汗，散掉寒气。因为各种菜肴都可以加香葱调味，所以葱有"和事草"的雅号。在民间，比如在广西壮族自治区的合浦等地流行每年农历六月十六日给孩子吃葱的习俗，因为"葱"听起来和聪明的"聪"一样，喻意是希望孩子越来越聪明。

姜芽是宴席上的佳品。

姜：姜是一种很重要的调味品。因为它有散寒发汗的功效，所以人们感冒后，首先会想到冲一杯姜茶喝。传说中白娘子盗仙草救许仙，这个仙草就是生姜芽。生姜还被人称为"还魂草"，可见它的药用价值多么被人认可。刚生长出来的新姜，生长期短，皮薄肉嫩，辣味淡薄，而生长时间长的姜母皮厚肉坚，辛辣味浓。所以有一句俗语"姜还是老的辣"，比喻老年人有经验，办事老练，不好对付。

蒜：蒜也是不可缺少的调料，但很多人因为它的气味刺鼻而特别讨厌它，其实蒜有很强的杀菌功能，做凉拌菜时放点大蒜能有效杀灭菜叶上的残留细菌和微生物，所以它有着"地里的青霉素"的称号。

▼ 我们平时所说的大蒜，是指蒜头，而蒜头就是青蒜埋在地下的种子。

jiāo
辣椒，
为什么它能那么辣

别名：辣子、辣角、牛角椒

佩佩日记

　　妈妈要做剁椒了，看着一大盆红红的辣椒，我忍不住去帮忙摘辣椒蒂。妈妈赶忙劝住我，说很容易辣到手。我坚持要参与。摘着摘着，我的手就隐隐约约有一种烧疼的感觉，而且这种感觉越来越强烈。我赶紧用肥皂洗手，可洗完了还是很痛，我又用洗洁精来试，还是没有效果。手疼得要命，这才后悔没有听妈妈的劝告。

　　妈妈见状，赶忙从厨柜里拿出白酒倒在我手上，然后用清水冲洗，奇怪，一会儿工夫，就不痛了。妈妈还说用醋也可以，因为醋是酸性的，可以和辣椒碱中和。妈妈知道得真多！

辣椒除了常见的红绿色，还有紫色、橙色、黄色等多种颜色，这些五颜六色的食用辣椒叫彩椒。 ▶

小小观察站

辣椒的形状都是一样的吗？

爷爷，辣椒为什么会辣呢？

因为辣椒中含辣椒素，它能刺激皮肤和舌头上感觉痛和热的区域，使大脑产生灼热疼痛的辛辣感。

农作物充电站

辣椒既可以单独作为蔬菜食用，也是一味很好的调味品，是我国湖南、湖北、四川等地人们的最爱。辣椒中维生素 C 的含量在蔬菜中居第一位。它的果实因果皮含有辣椒素而有辣味，能增进食欲。很多地方的人们还将辣椒视为一种吉祥物呢，比如北方人过年时，每家每户门口上都会挂上一串串红辣椒，希望新的一年红红火火。

◀ 色彩艳丽的观赏辣椒既可以用于观赏，又可以食用。

秋葵，
不辣的 "洋辣椒"

别名：羊角豆、毛茄、黄蜀葵

佩佩日记

随奶奶去摘秋葵时，我惊呆了，一排排的秋葵有的竟然长得比我还高很多。它们的形态像伞一样散开，叶子像手掌分为五裂，长有茸毛；叶柄细长，交叉生长在主干上，叶柄上长着硬毛；花是黄色的，生长在叶腋；嫩果长的像羊角，外面长有硬毛。我发现，如果枝干是红色的，嫩果也是红色的，枝干是绿色的，嫩果也是绿色的。奶奶挑了一些成熟的秋葵剪下来。

奶奶说，秋葵的果荚必须在幼嫩时吃，如果老了就不能吃了，它们生长速度很快，一个晚上就能长大很多，等它们长得又大又肥时就中看不中吃啦！难怪这些天奶奶家每天都会有秋葵这道菜了。

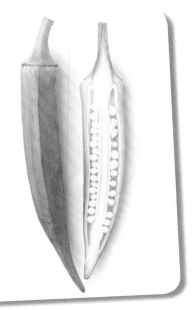

小小观察站

仔细比较秋葵和蜀葵的花，看看有什么不一样。

秋葵又叫洋辣椒，它的外表很像辣椒，但仔细看，会发现秋葵表面有棱，不像辣椒表面是光滑的长条圆筒形。

农作物充电站

秋葵原产于非洲，是一种营养保健蔬菜，现在已成为许多国家运动员食用之首选蔬菜，它的可食用部分是果荚。在我国的南方地区，人们用它的种子来榨油，秋葵油是一种高档植物油，它的营养成分和香味远远超过芝麻油和花生油。

秋葵又叫黄蜀葵，它的花朵和蜀葵花很像，秋葵可食用，蜀葵只能用于观赏！这是蜀葵。

番茄，
谁是挑战狼桃的勇者

别名：六月柿、西红柿、爱情果

尚尚日记

番茄能发电，太神奇了。

爸爸准备了几样"工具"：两个番茄、两片铜片、两片锌片、一根导线及一个电流计。他指导我用电烙铁将一片锌片和一片铜片与导线两头各自焊接，再把番茄相隔一定距离，在每个番茄上焊接好一片锌片和一片铜片各自插好，又将另外的一片铜片和一片锌片各自插在番茄上，使电流计的正极与一个番茄上的铜片相连，又使电流计的负极与另一个番茄上的锌片相连。就在这时候，我看到，电流计上显示有电流通过。哇，我们的试验成功了！科学真是无处不在啊。

小小观察站

想一想，番茄为什么叫西红柿。

提示：番茄因其是从西方传过来的，颜色是红色的，外形又像中国的柿子，所以被命名为西红柿。

农作物故事

番茄原产于南美洲，它最初被称为狼桃。16 世纪时传入欧洲一直作为观赏植物，过了一代又一代，人们担心有毒而一直不敢吃。直到 17 世纪时，一位法国画家曾多次描绘番茄，面对这样美丽可爱而"有毒"的浆果，他实在抵挡不住诱惑，于是产生了亲口尝一尝的念头。他冒着生命危险吃了一个，甜甜的、酸酸的、酸中又有甜。然而，躺到床上等死的他居然安然无恙，于是"番茄无毒可以吃"的消息迅速传遍了全世界，从此人们就安心地享受着这位"敢为天下先"的画家冒死带来的口福。

圣女果是一种小型番茄，又叫樱桃西红柿。当它们由青绿色变成红色时，就可以吃了。 ▶

067

茄子，
为什么切开就会变黑

别名：落苏、昆仑瓜、矮瓜

尚尚日记

一场暴雨过后，菜园里的十多棵茄子都失去了往日的神采，它们的叶子也被虫子咬得像一张张蜘蛛网。我突然心血来潮，要给它们做一次"美容"。说做就做，我立刻拿出剪花枝的剪刀，"喀嚓喀嚓"就把茄子的残叶小枝剪了个精光，只留下几个光秃秃的主枝挺立着。初看上去，活像是给茄子剃了个"光头"呢！

不料，下午，"光头"被爷爷发现了，他厉声把我叫过来，狠批一顿："夏天高温高湿的环境，剪枝对茄子的生长很不利，茄子要夏眠的。秋风一到，茄子还会焕发出生机，能结到深秋呢！以后可不能再这样干了。不过，茄子生命力强，兴许能再发芽……"我开始内疚地期待光秃秃的枝干能再冒出嫩芽……

小小观察站

茄子的表面为什么那么光滑？

提示：它的表皮覆盖着一层蜡质，这层蜡质不仅能使茄子发出光泽，而且具有保护茄子的作用。一旦蜡质层被损害，茄子就容易受微生物侵害而腐烂变质。

切开一个茄子，过一会儿再观察变成什么颜色了？

提示：变成了黑色。因为茄子中有一种叫酚氧化酶的物质会被氧化变色，而且时间越长，颜色越深，从红变褐，从褐到黑。

▲

一朵茄子花中有雌蕊和雄蕊，不需要蜜蜂也不需要人工授粉，一朵花就可以结果。

农作物充电站

茄子来自印度，分紫茄、青茄、白茄。在汉武帝时，蜀商在把蜀布之类的产品卖到印度的同时，也把印度的茄子带到了成都。当时，人们把它当成瓜。

据说，隋炀帝杨广就称紫色茄子为"昆仑紫瓜"。又因其无论圆形、卵形，抑或条形，皆以紫色为多，因此它有时又被称为紫菜。很显然，这不是我们现在吃的紫菜，我们可以把它理解成"紫色的蔬菜"。

◀ 茄子有矮胖的圆形、一头小一头大的棒槌形，还有长长的细条形和可爱的迷你型等多种外形。

芦笋，
它和竹笋是亲戚吗

别名：石刁柏、龙须菜

佩佩日记

　　挖芦笋真不是一件简单的事。只见姨妈和表哥拿着小铲子不停地挖着地面上看得见的绿色芦笋，不一会儿，又见他们蹲下身低下头，瞧着什么，然后用食指和中指向土里抠着，不一会儿，土里露出了又白又粗的芦笋宝宝。

　　我惊奇地问："你们怎么知道这儿有芦笋宝宝？"

　　表哥回答说："这些芦笋是刚刚长从地里长出来的，它们把地面拱出了一道道裂口，这样我们就看得见，挖得着了。"听了表哥的话，我也赶紧在地里找小裂口……他们见我这般好奇，笑成了一团。

小小观察站

青芦笋和白芦笋有什么关系吗？

提示：它们就像一对"双胞胎"，一直长在土里没有见过光的是白芦笋，吃起来口感有点苦，露出地面的是青芦笋，没有苦味。

芦笋清脆爽口，营养价值也很高。▶

农作物充电站

芦笋因为含有丰富的营养，而享有"蔬菜之王"的美誉。别看它只有那么短小，其实它是一种深根性植物。它的大部分根群分布于地下一两米内，最长可达 3 米，它的茎分为地下根状茎、鳞茎和地上茎三部分，我们吃的嫩茎就是它的地上茎部分。

农作物关键词

根状茎：植物在长期系统发育的过程中，由于环境变迁，器官形成某些特殊适应，以致形态结构发生改变，叫做变态。茎的变态，就形成了不同的变态茎。根状茎是变态茎的一种，外形与根相似，像根一样横卧在地下。竹、芦苇、白茅、姜、玉竹、苍术等都具有根状茎。

鳞茎：鳞茎为地下变态茎的一种。变态茎很短，呈盘状，其上着生肥厚多肉的鳞叶，其内贮藏极为丰富的营养物质和水分，能适应干旱炎热的环境条件。洋葱、百合、贝母、蒜、水仙花等都具鳞茎。

甘蓝，
比花还漂亮的菜

别名：卷心菜、洋白菜、高丽菜

佩佩日记

　　老师说紫甘蓝汁遇碱变绿，遇酸变红。我要用它来做个试验。我撕下一片紫甘蓝叶子放入碗中，把它捣碎成汁，然后倒入两滴白醋，汁上面顿时泛起一片红色。我兴奋得鼓起掌来。接着，妈妈给了我一块面碱，我抠下一些放入碗中，红色又变戏法似的成了绿色，我再次欢呼起来。这时，爸爸走过来问："如果再倒入白醋，会不会再次变红呢？"我又试着倒入了白醋，原以为会中和变蓝，没想到居然又变红了！真奇妙！

　　爸爸说，紫甘蓝中含有一种成分叫花青素，它有三个环，不同的离子结合上去就会变成不同的物质，氢离子结合上去会变成红色，碱离子结合上去会变成绿色。也就是说，紫甘蓝水为酸碱指示剂，遇酸性会变红，遇碱性会变绿。

小小观察站

小朋友看到过的甘蓝有哪些颜色？它们的叶片形态有什么特点呢？

提示：绿色、白色、紫色等；叶片层层包裹成球状体。

▲

甘蓝家族有很多成员，叶色艳丽的羽衣甘蓝还被作为观赏植物呢！

▲

紫甘蓝就是我们常说的紫包菜，如果用手指轻抹紫甘蓝的切口，手指会被染成紫色。

农作物充电站

甘蓝，我们既可以把它当成蔬菜，也可以把它当成观赏植物。其实它原产于欧洲，是一种非常古老的蔬菜，很多年前的古希腊罗马时代人们就开始把它们做成美味佳肴了。现在的欧洲，在那些贫瘠寒冷的白垩岩的荒草滩上依然能看到野生的甘蓝。

花椰菜（白花菜）和西兰花（青花菜）都是十字花科甘蓝类蔬菜。它们一个洁白如玉，一个碧绿如翠，是甘蓝家族的一对"姊妹花"。

韭菜，
和韭黄是同一种植物吗

别名：扁菜、懒人菜、草钟乳

佩佩日记

　　韭菜的生命力顽强，不管遇到狂风呼啸，倾盆大雨，还是割多少茬，它都不会死。今天我们要在院子里种韭菜。我和妈妈负责整理韭菜，爸爸负责准备土。

　　我们把买来的韭菜根分开，把老根一根根仔细地剪完，让每一根都只剩下一两厘米长。韭菜准备好后，爸爸也已经把土松好了。爸爸松土时，还看见了两条蚯蚓呢！爸爸说，有蚯蚓的地方就说明土质好，能种出好庄稼。

　　随后，爸爸把平整的地刨出一行行的沟，妈妈把韭菜拿出来种在沟里，四五棵种成一株，每株间隔三至五厘米，然后再用土把根埋起来。哇，韭菜终于种完了。浇完水，望着韭菜我就开始了期待……

小小观察站

韭菜和香葱有什么不一样呢？摸一摸它们的叶片，闻一闻它们的气味。

奶奶，韭菜为什么可以一茬割一茬地吃，永远不死呢？

韭菜的老根年年枯死，但是又有新根不断增长，而且新根生在老根的上面，不断向土表移动。

农作物充电站

韭菜按食用部分可分为根韭、叶韭、花韭、叶花兼用韭 4 种类型。我们一般说割韭菜，而不是拔韭菜，因为韭菜收割了一茬后会继续长出新的来。跳根是韭菜的一个重要特点。韭菜的新根不断向上移的现象叫跳根，在韭菜的叶鞘基部有分生组织，只要不破坏分生组织，它就会不断生长。

这是韭黄，它和韭菜是同一种植物。在韭菜生产过程中，将遮光物盖在韭苗上，韭叶便由绿转黄，就成了韭黄。

秋天，韭菜会生出白色花簇，农家会在欲开未开时采摘，将它们磨碎后腌制成酱食用。

xiàn
苋菜，
红汤是从哪里来的

别名：青香苋、红苋菜、千菜谷

佩佩日记

　　我在围墙外的一堆砖头里发现了一株苋菜，它长得特别好。我不由地想，它到底是怎么生长的？这堆砖有一米多高，堆得也不整齐，有平有竖，可是苋菜为什么这么粗的根能从砖缝里长出来呢？它是怎样吸收水分和养料的呢？

　　我走近它，慢慢地搬开砖，当搬开两三层时，发现红褐色的粗根垂直地伸进了砖缝里，一些细小的须根像网络一样覆盖在砖面上，成立体结构牢牢地粘在砖上，一些细小的土壤颗粒聚集在一起又附着在须根上。我想，它或许是随风飘荡流落至此，也或许是鸟衔的草籽无意落入砖缝，然后得到阳光、空气和水分，就这样顽强地生长起来了吧！

苋菜里含有一种天然色素——苋菜红，它存在于细胞液泡中。细胞中的叶绿体为绿色，因为含量高，所以掩盖了红色，生苋菜呈深绿色。当它做成菜时，热量破坏了细胞膜和壁，把叶绿体解体，破坏干叶绿素的结构，液泡中的红色就渗出来了。

小小观察站

苋菜的叶片都是红色的吗？

爷爷，人们为什么称苋菜为长寿菜？

苋菜鲜嫩多汁，而且富含人体需要的钙质和膳食纤维，俗语说"六月苋，当鸡蛋，七月苋，金不换。"

农作物故事

　　苋菜为什么是红色的呢？传说，很久以前有一位叫"牛棚四娘"的村妇，她专干坏事，被玉帝惩罚变成一只狗后，依然不思悔改。一天，她溜达到菜地里，见人家的苋菜青枝绿叶，就在苋菜地里乱咬一通，咬断了许多苋菜梗。她的儿子是个孝子，知道是母亲做了坏事，赶紧奔到菜地为母亲补过，他咬破自己的手指头，用鲜血把咬断了的苋菜梗一根一根地接了起来。说来也怪，那些咬断的苋菜用鲜血黏结后，立即又活了过来，恢复了生机，只是菜梗菜叶都变成了血的颜色——红色，但用鲜血黏结好的红苋菜比原来青苋菜的生命力更强，味道更鲜美！

小朋友一定在花坛中见过苋科植物雁来红，它有点像苋菜，是一种观赏植物。

农作物游乐园

我们常吃的叶类蔬菜有哪些呢？如果在菜地里发现了它们，小朋友你都能说出它们的名字来吗？

提示：依次为小油菜、生菜、菠菜、油麦菜、茼蒿、空心菜、菊花菜、香菜、大白菜。

萝卜，
为什么被称为"小人参"

别名：菜头、芦菔(fú)、莱菔(lái fú)

佩佩日记

　　妈妈把白皮的、绿皮的和红皮的萝卜摆在我面前，让我猜哪一个是红心的。我看了一眼，信心满满地指着一个红皮萝卜说："当然是这个啦！"妈妈笑了笑，拿起刀却要切一个绿皮萝卜。我着急了，忙说："它肯定不是红心。"

　　妈妈没说话，拿起刀，"咔"，绿皮萝卜被切开了，露出了红心。我非常地惊奇。妈妈递给我一小块，说："任何事物都不能只看外表哦！"

小小观察站

　　萝卜是个大家族，小朋友吃过哪些萝卜呢？它们在外形上有什么不一样？

　　提示：家族成员有水萝卜、白萝卜、青萝卜、樱桃萝卜等。

　　胡萝卜可不属于萝卜家族哦！胡萝卜是伞形科植物，萝卜是十字花科植物。▶

农作物充电站

　　萝卜是非常常见的蔬菜，我国南北各地都有栽种，它的根和叶都可以食用，它的药用价值更受人们的关注，被称为"小人参"。有很多与它相关的谚语和俗语，比如"萝卜上市，医生没事""萝卜进城，医生关门""冬吃萝卜夏吃姜，不用医生开药方""萝卜一味，气煞太医""吃着萝卜喝着茶，气得大夫满街爬"等。

农作物游乐园

　　在餐馆里，萝卜常常被厨师们用来做一些雕刻工艺，我们也可以试着雕刻出自己的作品来。

▲
用萝卜和胡萝卜可以雕刻出各种造型的漂亮萝卜花。

▲
看！萝卜妈妈在哄萝卜宝宝睡觉呢！小朋友也用萝卜来摆个特别的造型吧！

黄瓜，
有着绿色表皮却叫"黄瓜"

别名：胡瓜、刺瓜、王瓜

尚尚日记

　　老师让我们写一篇黄瓜观察日记。我从冰箱里找出一根黄瓜，回到写字台前，仔细看了外观，又把它一掰两段。哇！圆圆的瓜瓤中间有个"人"字，再仔细瞧它那层薄薄的皮，还不到1毫米呢。中间是又白又嫩的瓜肉，有一厘米厚，白里透绿，绿里带黄，真诱人，最有趣的是里面的瓜籽，它们拖着细细的尾巴，活像一群白色的小蝌蚪。闻一闻，一股清香扑鼻而来，咬一口，清凉可口！糟糕，日记还没写呢，黄瓜已经吃完啦！

小小观察站

用手摸一摸新鲜的黄瓜，有什么感觉？

提示：表面有扎手的小刺。

黄瓜的含水量是瓜果蔬菜中最高的。它还含有丰富的维生素，所以被人们称为"厨房里的美容剂"。▶

为什么在寒冷的冬天我们也能吃到鲜嫩的黄瓜呢？原来，有温暖的大棚。

农作物故事

黄瓜原产印度，张骞出使西域时带回瓜种。当时中亚一带泛称胡，所以黄瓜又叫胡瓜。胡瓜更名为黄瓜，始于后赵。后赵王朝的建立者石勒，本是入塞的羯族人。他在襄国（今河北邢台）登基做皇帝后，对自己国家的羯族人称为胡人大为恼火，就制定了一条法令：无论说话写文章，一律严禁出现胡字。

有一天，襄国郡守樊坦在石勒面前不小心说了一个"胡人"，他意识到自己犯了禁，急忙叩头请罪。石勒见他知罪，也就不再指责，后来在一次御赐午膳时，石勒就指着一盘胡瓜问樊坦："卿知此物何名？"樊坦恭恭敬敬地回答道："这是黄瓜。"石勒听后，满意地笑了。自此，胡瓜便改为了黄瓜。

农作物游乐园

黄瓜经常用于食物装盘时的装饰，小朋友能用黄瓜做原材料，来装饰食物吗？露一手吧！

▲

这是用黄瓜摆成的主题图，有山有水，有房子，有树，有栅栏，颇富创意！

除了黄瓜，苦瓜和丝瓜也是夏天的常见蔬菜。观察一下它们的外表，有什么不一样呢？

▲
苦瓜

▲
丝瓜

这是丝瓜老后去掉瓜皮剩下的丝瓜络，这种网状纤维能够代替海绵来洗刷灶具、家具，还可以用来搓澡哦！非常好用。

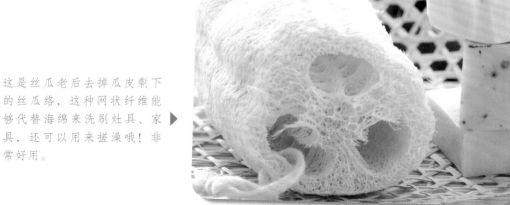

葫芦，
听起来像是"福""禄"

别名：抽葫芦、壶芦、蒲芦

尚尚日记

桌子上有一个新摘下来的"不倒翁"葫芦，奶奶让我想办法把葫芦里的种子取出来。我左瞧瞧右瞧瞧，然后问："可以砸烂再取吗？"奶奶说只要能取出种子，怎么都行。我心想，这好办。于是，我就拿起葫芦往墙上使劲砸，连续砸了几下它居然完好无损。我不禁怀疑，它该不会是葫芦七兄弟中的铁娃转世吧，要不怎么这么坚固呢？

等我冷静下来，再仔细端详它时，忽然想起自然老师说过圆形结构能把力量均匀地分散到各个部位，我恍然大悟，难怪这么难砸开。于是，我拿起葫芦，把它放在一块尖尖的石头上，再用砖头用力一拍，"啪"的一声，"铁娃"终于被我砸得四分五裂了，一颗颗浅黄色的葫芦籽散落一地。

小小观察站

瞧瞧，葫芦花有的是细茎，有的是粗茎，为什么是这样呢？

提示：细茎的是雄花，粗茎的是雌花，雌花的花茎像小葫芦。

葫芦用藤蔓缠住其他树的树枝或架子，慢慢往上爬。

农作物充电站

新鲜的葫芦有嫩绿的外皮，白色的果肉，在未成熟的时候可以当蔬菜食用。等成熟，老了之后，可把它们晒干，掏空里面，做盛放东西的器皿。有一个成语叫悬壶济世，赞颂医生救死扶伤的高尚品德。从一些古籍我们会发现，古时候的郎中无论走到哪里身上都背着葫芦。葫芦除了能盛药，本身也可为药，能医治很多疾病。用葫芦保存药物比其他的容器如铁盒、陶罐、木箱等更好，因为它有很强的密封性能，容易保持药物的干燥。

农作物游乐园

等葫芦成熟后，用筷子或者铁钩细心地把葫芦瓤以及葫芦籽挖出来，然后把葫芦壳晒干，做盛放东西的物件、水瓢等。

把干葫芦剖成两半，就变成可以盛放东西的葫芦瓢啦！

"葫芦"与"福禄"音同，人们把葫芦拿在手里把玩，寓意幸福的生活是掌握在自己手里。

南瓜，
万圣节为什么必有南瓜灯

别名：番瓜、北瓜、笋瓜

佩佩日记

　　一天，南瓜花吹开了喇叭，它顶着黄花的小瓜儿也长出来了。爷爷把雄花的粉收起撒到雌花上。他说，这样小瓜会慢慢长大，变成一个大南瓜，接着他又掐下了瓜蔓上毛茸茸的尖。他说这是为了不让瓜蔓随意生长，否则就会只长瓜蔓不结瓜。原来南瓜花有雌雄之分。如果把雌花摘下，小南瓜也就没有了；雄花可以摘，但不能全摘，因为还要留一部分通过蜂蝶或清风为媒给雌花儿授粉。在我看来，爷爷真是一个种南瓜的行家！

小小观察站

跟妈妈去菜市场买菜的时候，不妨观察一下南瓜表面呈什么颜色？

提示：青色或黄色。

为什么西瓜是水果，而南瓜却是蔬菜？

水果都常有一定的甜味，而大多数蔬菜都是淡味的；水果一般都是生吃，而蔬菜大多数需加热加工烹饪；水果水分含量比例较高，而蔬菜相对较少。

▲ 南瓜的种子炒熟后就是香香的瓜子。

瓜雕这门艺术真
是太奇妙了！ ▶

农作物故事

　　南瓜有圆、扁圆、长圆、纺锤形或葫芦形等几种形状，先端多凹陷，表面光滑或有瘤状突起和纵沟，成熟后有白霜。它既可当菜又可代粮，不但可以充饥，而且还有一定的食疗价值。在西方万圣节（每年的 10 月 31 日），南瓜灯可是主角。小朋友知道南瓜灯的由来吗？传说有一个名叫杰克的人非常吝啬，因而死后不能进入天堂，并且因为他取笑魔鬼，也不能进入地狱。于是，他的亡灵只好靠一根小蜡烛照着指引他在天地之间倘佯。

　　传说，这根小蜡烛是在一根挖空的萝卜里放着的，后来人们发现南瓜比萝卜更适于雕刻，萝卜灯也就慢慢演变成了后来的南瓜灯。

农作物游乐园

小朋友在万圣节做过南瓜灯吗？步骤很简单：首先，在南瓜的顶或低端，用小刀将瓜面切除一块，然后伸手进去掏空瓜瓤，在准备雕刻的地方，将切除的瓜皮刮薄至1厘米厚，再用粘贴纸脸谱在选定处粘上事先准备好的纸脸谱，并沿虚线描刻沿纸脸谱的切割边线，用小锥或图钉在南瓜皮上描出脸谱。完成后，撕下纸脸谱，用刀将图案镂空。这样，南瓜灯就做好啦。

▲

在西方，如果万圣节的晚上人们在窗户上挂上了南瓜灯，就表明那些穿着万圣节服装的人可以去敲门捣鬼要糖果了。下一个万圣节，小朋友你能雕出恐怖的南瓜灯来吗？

现在知道了南瓜，小朋友知道冬瓜、西瓜、北瓜又是什么样子的吗？

冬瓜 ▶

▲ 南瓜

北瓜

◀ 西瓜

马铃薯，
曾被抢着栽种的"鬼苹果"

别名：土豆、洋芋、馍馍蛋

佩佩日记

　　我偷偷地把长出了小芽的土豆种在了花盆里。每天一放学，我就给它浇水，然后观察它有没有长出小苗，可两天过去了，原来嫩嫩的小芽也渐渐变黑了。到第三天，我发现连发黑了的小芽也不见了。我找来小铲，挖出土豆块，发现它们都变成黑黑的了，看来它们"牺牲"了。

　　我只好请教爸爸。爸爸说，是浇水过多造成的，土豆虽然喜欢有水分的土壤，但水分过多它的块茎就容易腐烂。哎，本来不想让它渴着，没想到把它给淹死了！

淡蓝色的马铃薯花虽然不大，却很消耗马铃薯自身的养分，为了让马铃薯长得更好，开花太多时，花蕾会被适当地摘掉。

土豆发芽会产生一种叫龙葵素（又称茄碱）的毒素。所以发青严重、发芽较多的土豆就不能再吃了。

小小观察站

仔细瞧瞧，马铃薯的块茎上有什么？

提示：有芽眼，播种时可以以芽眼为单位切块，便能繁衍成新植株。

农作物故事

马铃薯原产于南美洲安第斯山区的秘鲁和智利一带，16世纪中期被一个西班牙殖民者从南美洲带到了欧洲。那时人们喜欢欣赏它美丽的花朵，仅把它当作装饰品。后来，一位法国农学家在长期观察和亲身实践中，发现它不仅可供观赏，而且还可以做面包等。从此，马铃薯开始在法国大面积种植。相传开始的时候，农民们都不愿意引种，并被称为"鬼苹果"。后来有人想出一个办法，在一块土地上种植土豆，并由一支着军礼服、全副武装的国王卫队看守，到了夜晚，卫队故意撤走。结果人们纷纷来偷土豆，并引种到自己田里，通过这种方法，土豆的种植在法国及全世界得到了迅速推广。

有人把马铃薯称为山药蛋，其实山药蛋是这样的，也叫山药豆，常被用来制作糖葫芦。

红薯，
为什么是甜的

别名：番薯、甘薯、山芋

佩佩日记

　　我陪爷爷去挖红薯，奇怪的是，一连挖了好几处，就是不见红薯的踪影。爷爷见我一副垂头丧气的样子，禁不住哈哈大笑，说："挖红薯也有诀窍呢！要看地上有没有裂缝，有裂缝的地方，八成就有红薯。"

　　我听了，就在地上找裂缝，看到裂缝，抓起铁锹狠命一挖，只听"啪"的一声，可怜的红薯被挖出来时已经断成两截。爷爷见了，又说："直接挖裂缝是不行的，要先在裂缝的周边挖，然后慢慢地往里挖，那样就不会把红薯截断了。"经过爷爷的指导，我很快就掌握了方法，红薯就像土行孙似的很容易就从土里完整地飞了出来！真高兴啊！

有一种跟红薯长得很像的薯类，只不过它是紫色的，吃起来又甜又面，叫作紫薯。

小小观察站

红薯和马铃薯（土豆）是同一种植物吗？

提示：红薯是块根，从顶端发芽；马铃薯是块茎，块茎上有许多芽眼，新芽是从这些芽眼长出来的。红薯属于旋花科植物，而马铃薯是茄科植物。

农作物充电站

红薯有抗癌、保护心脏、美容等功效，所以它有"长寿食品"的美誉。也许小朋友还不知道，它的块根除供食用外，还可以制糖和酿酒、制酒精，也可制取淀粉、提取果胶等。有一句俗语"番薯不怕落土烂，只求枝叶代代传。"说明它的生命力很强，根深蒂固，只要种下它，它就可以生生不息。如果把红薯切成小块埋入土中，也会抽出许多芽，待芽长到 20 厘米左右时，再把它们剪下来，插到土壤中，也能成活！

农作物游乐园

如果有机会见到长在地里的红薯，可把红薯梗摘下来，正着掰一下，反着掰一下，让薄薄的梗皮连缀成一小段一小段的红薯梗，成为一条条长链，然后将这些长链做成耳坠、手链、项链，戴在手上、脖子上美一美吧。

红薯含有丰富的淀粉，但被称为"淀粉之王"的则是木薯。

凉薯，
植株上的"豆角"能吃吗

别名：豆薯、沙葛、土瓜

尚尚日记

一畦畦的凉薯叶绿绿的，每拂过一阵风，就会发出沙沙声，像是在欢迎我们呢！挖凉薯我可厉害了，我扒开叶子，顺着藤小心地挖下去，不能把它们挖断了。

不一会儿，一个个完整的凉薯就装满了框子。我转过头，看到佩佩面前的凉薯，不是个头很小，就是四分五裂，不由得得意起来，朝她大喊："你要加油哦！"没想到，就在这会儿，只听"砰"的一声，我把一个好好的凉薯挖成了两半。看来，真不该骄傲呀。

小小观察站

瞧瞧，凉薯的根是怎样的？

提示：为直根系，须根少。

爷爷，凉薯植株上的"豆角"能吃吗？

不能吃，它的种子和茎叶都有毒。

农作物充电站

凉薯是豆科植物，靠种子繁殖，它的豆秧上会结出像豆角一样的种子。它的块状茎肥大，肉洁白脆嫩多汁，富含糖分和蛋白质，可生食，也可熟食。它的种子和茎叶含有鱼藤酮，对人畜有毒，不能吃，但可提取杀虫剂（所以很少有虫子能危害到它们）。

凉薯是豆科植物，它的地上部分会结出豆荚。▶

jiāng
豇豆，
为什么不熟吃了会中毒

别名：角豆、姜豆、带豆

佩佩日记

　　奶奶又开始做酸豆角了。只见她将腌豆角的陶制坛子用清水洗刷干净，放在屋檐下整整齐齐排成一列晾晒。很快，陶制坛子晒得发热，里面没有了水分，还露出了一层白白的东西。奶奶说，那是盐分出来了。我似懂非懂。

　　接着，奶奶来到菜园，挑选那些粗细均匀，没有被虫子啃咬过，颗粒饱满的豆角采摘下来。回到家掐去豆角两头，洗干净并晾干，再切成拇指长短的小段，连同切碎的红辣椒、生姜、大蒜一起放进陶制坛子里，撒上盐，上上下下揉搓，使盐均匀散布其中，再将坛盖盖上，用砖压在最上面，最后沿着坛沿浇上冷开水，使其密封。奶奶酸豆角做得多么精致啊，我们全家人都爱吃。

豆类蔬菜都含有皂角和植物凝集素，它们对胃肠黏膜有较强的刺激作用，并对细胞有破坏和溶血作用，容易使人中毒，但它们不耐热，经充分加热后就可将有毒物质破坏。所以，我们要把豆角彻底炒煮熟后再吃。

淡紫色的豇豆花很漂亮，小朋友见过吗？

小小观察站

量一量，你见过最长的豇豆有多长？

农作物充电站

豇豆，就是我们所说的长豆角，是一种攀援植物。一般在幼苗长到 30 厘米左右时，就要给它搭建架子了。它的顶部枝头具有缠绕攀爬习性，会自行向上攀爬。

除了豇豆，你还吃过哪些豆角呢？

◀ 四棱豆

紫色四季豆 ▶

大豆，
"年轻"时是毛豆

别名：青仁乌豆、泥豆、马料豆

佩佩日记

　　奶奶把大豆种子撒在了肥沃又湿润的土地上。当一缕缕春风擦过地面，白雪融入泥土，春姐姐用细密的春雨召唤它时，它醒了，深深地打了个哈欠，长出了根。它的脑袋迫不及待地向上探出。当见到了温暖的阳光，它就慢慢地抬起头来，张开第一对叶子——子叶。可是，子叶没多久就渐渐地发黄了，不过惊奇的是它的上方每天都在冒出新的、毛茸茸的嫩绿嫩绿的小叶子。终于有一天，它开出了淡紫色的小花，不像耀眼的玫瑰，也不像芬芳的百合。但是，我却认为它是最美的花。

黄豆含有丰富的蛋白质。▶

小小观察站

　　想一想，把豆子种到土里，然后豆苗长大，最开始的豆瓣去哪儿了？

　　提示：萎缩脱落了。

大豆和毛豆是同一种豆子吗？

是的。毛豆和黄豆混称大豆，嫩的是毛豆，长硬了就是黄豆。

农作物充电站

　　大豆是一种非常神奇的作物。它不但不消耗土地肥力，反而会给土地增肥。因为它是根瘤共生的植物，根瘤能固定空中的游离氮素，根瘤的残体和黄豆残根落叶，增加了土壤的有机质，使土壤越种越肥。

　　大豆不单单指黄豆，还包括黑豆和青豆。大豆营养全面，含量丰富。它可以榨油，也可以做成各种豆制品。你知道为什么世界上卖豆子的人"最幸福"吗？因为他们永远不必担心豆子卖不出去。如果豆子卖不完，可以磨成豆浆卖；如果豆浆卖不完，可以制成豆腐卖；豆腐卖不完，变硬了，就当作豆腐干来卖；豆腐干卖不出去的话，就腌起来变成豆腐乳卖。

被人们誉为植物肉的豆腐，一般都由黄豆做成。

绿豆，
防暑消热的好帮手

别名：绿豆、青小豆、菉^{lù}豆

佩佩日记

　　我抓了一把绿豆，用水淘洗干净，然后加上水，放到火炉上，开火。不一会儿，水沸腾了，可是绿豆还是一颗一颗的，没有开花。我盯着，等着，盼着，这绿豆汤要煮到什么时候呀？等待的过程很难熬，过一会儿我揭开锅盖看一下，过一会儿又看一下，自言自语道："绿豆怎么这么难熟？"

　　"傻孩子，你越这样着急地揭开看，越影响它煮烂的速度！"原来妈妈听到响声，就悄悄地出现在了我身后。听了妈妈的话，我把火开到最小，走出厨房，慢慢地等着……半个小时后终于熬成了一锅美味的绿豆粥。

小小观察站

把绿豆和红豆放在碗里，用水泡几天，等它们发芽后对比一下，有什么不同。

红豆和绿豆虽然看起来只是颜色不同，但其实它们的"性情"也不同，红豆性平，绿豆性寒。

绿豆芽、红豆芽、黄豆芽、黑豆芽、芝麻芽、花生芽等都是健康的小菜……和妈妈一起试试生豆芽吧，观察豆子的生长过程是非常有趣的。

农作物充电站

绿豆，又叫青小豆，因其颜色青绿而得名。它营养丰富，具有粮食、蔬菜、绿肥和医药等用途。在夏天酷暑时，喝些绿豆粥，可以防暑消热。

农作物游乐园

用绿豆、红豆等豆类制作种子画。先准备各种颜色的种子、卡纸、白胶、牙签等。首先在卡纸上画出鱼、花、鸟等简单图案；然后选择色彩、大小合适的豆子，用牙签蘸上白胶，粘在卡纸上的图案处；晾干后，美丽的种子画就诞生了！

按自己的想象，用豆子玩个创意种子画吧！

蚕豆，
"精兵简政"为了更健壮

别名：南豆、胡豆、竖豆

佩佩日记

　　蚕豆的花儿凋谢了。但它的茎上却长出了许多细长的豆荚，有的又长又粗，长势喜人，而有的又瘦又小，好像是营养不良。妈妈说，与其结得多，不如长得好。我不解妈妈的话。随后，只见妈妈开始了给蚕豆 "精兵简政"的大行动，淘汰那些瘦弱的豆荚，并且把 4 根茎都一一去顶。就在这会儿，我忽然明白了，妈妈这样做，是想把蚕豆所吸收的营养集中供给那些健壮的豆荚。

剥开豆荚，就可以看到里面嫩嫩绿绿的蚕豆。▶

小小观察站

当蚕豆的植株停止向高处生长时，豆荚会怎样？

提示：逐渐长大，由青变黄，由黄变褐，叶子也开始由青变黄，萎缩，脱落，植株死亡变干，此时植株成熟，蚕豆就可以收获了！

爷爷，蚕豆为什么又叫立夏豆？

因为江南一带的人们喜欢在立夏时节吃蚕豆。

农作物充电站

蚕豆又称罗汉豆、胡豆、南豆等。它营养价值丰富，可食用，也可作饲料、绿肥和蜜源植物种植。一般人都可食用，但是患有"蚕豆病"的人不能吃。这种人身体中缺少一种酶，如果吃了蚕豆，全身血液中的红细胞就会发生溶血，红细胞会因不能抵抗氧化损伤而遭受破坏，严重时导致死亡。而蚕豆正是一个破坏红细胞的强氧化剂。

豌豆，
就是荷兰豆吗

别名：青豆、麦豌豆、寒豆

佩佩日记

　　奶奶在菜地种了一些豌豆。它们娇小的身躯，又嫩又绿的叶子十分招人喜爱。一天，我看到奶奶为生机勃勃的小豌豆专门做了一个支架。我想，大概这些蚕豆需要靠着支架才能更好地生长吧！它们的藤并不粗，奶奶说，随着慢慢长大，藤会延伸出许多分枝，分枝处还会长出一些细细的青丝，等青丝变粗，变绿，又会长出叶子，然后开花结果，那时就可以吃豌豆啦。

小小观察站

豌豆有软荚的，也有硬荚的。小朋友哪种吃的比较多呢？

提示：硬荚型只取其籽粒食用，软荚型的鲜荚和籽粒均可食用！

妈妈，我们吃的豌豆苗就是豌豆的小苗苗吗？

对，就是豌豆种子发芽后长成的嫩苗。

农作物充电站

豌豆是个大的品种，按照功能分为3个种类：豌豆头、扁豆荚和甜豌豆。豌豆头又叫豌豆须，就是豌豆这种蔬菜发出的芽，即豌豆苗；扁豆荚则是豌豆长到一定的时候，豆荚已经长成，但是豆粒还没有完全鼓起来时，这时主要是吃豆荚；甜豌豆，就是我们平时当蔬菜吃的豌豆粒，只吃豆粒不吃豆荚。此外，还有一种晒干后做饲料用的干豌豆。

我们常见的荷兰豆，就是第二种扁豆荚，扁豌豆又分软荚豌豆和硬荚豌豆，而荷兰豆属于前者，以食用嫩荚为主，豆嫩荚质脆清香，营养价值很高。

荷兰豆和豌豆是同一种植物，只不过生长条件不同而长相有别，豌豆在完全成熟之前，就是荷兰豆的模样。

Part 4

生长在山上的美味

山上长着许多"宝贝"，竹林里有刚冒出头的竹笋；在土质湿润、肥沃、土层较深的向阳坡上，有像龙爪一样的蕨菜；瞧瞧，那些松针下面还藏着一群群肉嘟嘟的小蘑菇呢！

蘑菇，
为什么雨后长得又多又快

别名：白蘑菇、洋蘑菇、蒙古蘑菇

佩佩日记

　　天刚亮，我和尚尚就跟着妈妈来到树林——我们要采蘑菇啦！昨晚下了一场雨，我担心蘑菇都被淋坏了，妈妈却说，雨后采蘑菇最好，这时的蘑菇饱满味鲜。走着走着，就听到了尚尚兴奋的叫声："我发现蘑菇了！"我连忙跑到他跟前，只见他的脚下有个像碗一样又白又亮的东西扣在地上。我抢先一拔。哇！不知道是什么东西，又臭又脏粘了我一手！

　　妈妈见状，噗嗤笑了起来，说："这不是蘑菇，是'马粪包'，是马粪经雨水淋湿在太阳的照射下发酵而成，有毒，不能吃的。"唉！空欢喜一场！这时，妈妈扒开一堆松针，我们发现了一个又白又饱满的蘑菇，周围还围着一群小蘑菇。还是妈妈的经验丰富呀！

小小观察站

　　蘑菇在哪儿隐藏得最多？

　　提示：蘑菇喜欢阴凉潮湿的环境，在落满松针的松树下找找看。

蘑菇可是一个大家族哦！我们常吃的蘑菇小朋友能叫出它们的名字来吗？▶

农作物充电站

　　蘑菇是一种真菌。它的生长环境多种多样，几乎在生长绿色植物的地方都可以生存。草原和树林中的蘑菇生长较为集中。蘑菇由菌盖、菌柄、菌托、菌环组成，把成熟的蘑菇放在白纸上，轻轻一敲，会看到很多孢子（孢子是蘑菇带有繁殖作用的细胞，其实就是蘑菇的种子）掉到纸上。蘑菇有一个十分显著的特点，就是雨后生长特别快。因为不下雨时，蘑菇的子实体起初很小生长很慢，不容易被人发现。一旦下了雨，子实体吸饱水分后，就会在很短的时间内伸长开来。因此在下雨以后，蘑菇长得又快又多。

很多蘑菇是不能食用的。有毒的蘑菇一般菌盖中央呈凸状，形状怪异，▶ 菌托秆细长或粗长，易折断。

木耳，
都长在木头上吗

别名：木菌、光木耳、树耳

尚尚日记

　　突然下起了雨，我和佩佩穿上雨靴，打着雨伞到雨地里蹚水玩。我们绕到房后，惊喜地发现两根腐朽的木头上开满了黑色的"花"，这些耳朵状的东西摸起来软软滑滑的，但又非常有韧性，这是我们平时吃的木耳吗？我们摘了几颗拿回家给爷爷看。爷爷说："这就是我们常吃的木耳呀！"啊？原来木耳长在枯树上！

　　爷爷说，下完雨后是采木耳的最好时机。让我们更惊讶的是，很多"耳朵花"都在雨后争先恐后地冒出来，越长越多。耳牙子长得很快，像一朵朵绽开的花，真好看。

小小观察站

木耳为什么喜欢长在木头上？它像不像木头的"耳朵"？

妈妈，我们见到长在木头上的木耳都能吃吗？

木耳属于菌类，和蘑菇一样，有的有毒，所以不能随便乱吃哦！

农作物充电站

　　木耳多寄生在桑、栎、榆、杨、槐树等枯朽的枝干上，原为野生，现在我们吃的木耳大多是人工培植的。人们把新伐下来的木头，制成一段一段的，在上面钻孔，植入菌，就能长出木耳来。东北黑木耳是著名的山珍，可以当食物也可以当药材，有"素中之荤"的美誉。

木耳是一种真菌类生物，它自身不能通过光合作用形成所需的营养，而只能借助腐烂的木头提供的营养来养活自己，所以，它的种子——孢子只能附着在腐烂的木头上，长成新的木耳。

在山里还可能发现呈圆形或近似圆形的灵芝呢！

葛根，
有特异功能的"爪子"

别名：葛条、粉葛、甘葛

佩佩日记

　　去年，我看到奶奶将长长的葛藤埋在小洞里，不想，它的生命力超强，到了今年夏天，那藤儿就顺着野树山岩爬呀爬。冬天，这小洞里就长出了一根长长的粗粗的葛。奶奶说，葛根分人工养殖和野生的，人工养殖的葛根藤是长在杆子上的，很方便采挖。而野生的葛根通常都在常年无人耕种的荒地里面，或山脚下，有时候甚至长在石头缝里。奶奶埋下的是野生葛根，我蹲下来仔细瞧了瞧葛根藤，它是从一根母藤向外散发根须的，根须都是紧贴着地面长。母藤的茎越粗，长出的葛根也会越大。

葛根的叶片很有特色，用它来做一个标本吧。

干制的葛根是一种药材，具有解表退热、升阳
止泻的功效。

小小观察站

葛藤上的"爪子"到底有哪些特异功能呢？

提示：葛藤有着与墙上植物爬壁虎一样的"爪子"，可以迅速在任何可以扎进去的地方扎根或者抓住物体，加上藤上密布了黄褐色的硬毛，更具备了随地吸附的能力。

爷爷，葛藤上有"爪子"呢？

是的，这可是它们的特异之处哦。

农作物充电站

葛根是极耐寒、耐旱、耐贫瘠的植物，在零下 42 度都冻不死，极易繁殖生长，地下块茎可以扎深到两米，地上藤条可以延长到 9 米，对防沙固沙有很大的作用。其葛藤一般生长于丘陵坡地，通常是春天种苗移栽，秋天挖葛根。因为秋后块根含有较多的淀粉。葛渣可以吃，内含很多的微量元素和对人体有益的物质。

农作物游乐园

长长的葛藤，柔韧性极好，我们可以把几根葛藤编成一股，系在树杈上荡秋千。

竹笋，
独株能长成一片竹林

别名：竹芽、春笋、冬笋

佩佩日记

　　我和尚尚在爷爷家的后院玩耍时，发现一侧的竹林有一枝很小的竹笋被一块石头压住了。尚尚说："我们快把石头搬开吧，你看，小竹笋已经被压得透不过气了！"

　　这时，爷爷走过来，看了看，缓缓地说："别急，小竹笋很坚强，它不用任何人帮忙。过几天你们再来看吧。"果然，第三天早上，小竹笋似乎就长高了一些。两个星期后，我惊奇地发现，旁边的那块石头竟然被它推翻了。如此弱小的竹笋，竟然有如此强大的力量，真让人震撼！

小小观察站

竹子会开花吗？

提示：竹子会开花结籽，繁衍后代，但它不像其他植物一样年年开花。

切开的竹笋是不是像层层宝塔？

爸爸，竹子是树吗？

不是，它是一种草本植物，木质部不发达。

农作物充电站

由竹笋长成的竹，枝干挺拔而修长，四季青翠，凌霜傲雨，一直倍受人们的喜爱。它是一种神奇的植物，它的生长速度特别快，一夜能长高一米，虽然属于草本植物，但能长得如同大树般高大，还可以形成磅礴而纯粹的竹海，而且，我们看到的一大片竹林，很可能是同一株竹子呢，它们通过地下的竹鞭连在一起。竹鞭上长竹笋，又长成新的竹子，不断扩大范围。有一句成语叫"雨后春笋"，是说春天下雨后，竹笋一下子就长出很多来，用来形容事物发展的迅速与兴旺。

竹笋长大了就变成了竹子。人们常用竹子编织斗笠等很多物品。

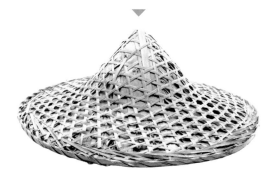

竹笋穿了很多件"外套"，层层剥开才能露出里面的白胖身体。

jué
蕨菜，
像握紧的拳头

别名：拳头菜、猫爪、龙头菜

佩佩日记

　　今天，妈妈带我们去了蕨菜谷。蕨菜长得真娇嫩，全身披着白色绒毛，地下根茎呈黑褐色。妈妈说，时间长了，茎秆会光滑，茸毛会消失。我蹲下身子，摸摸它长长的根，原来它是横着"走"的。人渐渐地多起来，全山村的人倾巢出动，蜂拥前来抢收蕨菜了！放眼望去，蕨菜娇嫩的枝叶一望无际。妈妈说，"采过的根部不几天又能长出嫩枝叶，取之不尽。蕨菜谷真是大山对山里人的馈赠呀！"

小小观察站

夏初时节看到蕨菜时观察叶里面会生长什么？
提示：繁殖的器官，即子囊群，呈赭褐色。

农作物充电站

蕨菜多生长在山区土质湿润、肥沃、土层较深的向阳坡上。我们食用的部分是它未展开的幼嫩叶芽。

需要注意的是采摘生长在谷底的蕨菜，如遇春季多雨时节，谷底会因为多年沉积的植物枝叶浸泡发酵，而形成大量的二氧化碳气体，这种气体尤其是在太阳未出来之前，在空气中的比重过大，并都汇聚在离地面较近的空中，此时人或者动物若在此处活动，就极有可能因窒息而死亡。

弯曲的蕨菜就像紧握着的拳头，所以它又叫拳头菜。

Part 5

在池塘中生长的食物

一年四季，池塘里真是热闹非凡。

春天，鱼儿自由地在"绿色的天堂"里追逐，荷叶悄悄地露出水面，慢慢变成一个个绿色的大圆盘；夏天，粉红色的荷花从大荷叶中间冒出来，赏完了荷花，还可以荡起小船去采摘莲子、菱角；秋天，池塘里的鱼儿肥了，芋头也该收了；冬天，万物凋零、一片萧条，植物们仿佛也在池塘妈妈的怀抱中沉睡着，等待着第二年春天的到来。

藕，
是根还是茎

别名：莲藕

佩佩日记

　　奶奶带回两个莲蓬给我和尚尚。我知道莲蓬长在荷花池里，是荷花的莲房，初夏时当荷花盛开，莲蓬只是荷花的花心，娇小嫩黄，藏于美丽繁荣的花瓣之中，盛夏之后，当荷花的花瓣渐渐脱落时，便变成了一只只碧绿的莲蓬。

　　我拿起莲蓬，数了数，它有 19 个突起的莲子头，突起的地方硬邦邦的，下陷的地方却是软绵绵的。"叭嗒"一声，我把它剥开，里面是一颗一颗的莲子，再把莲子剥开，雪白的莲肉里面隐藏着一个小小的绿芯。我咬了一点点，太苦了！奶奶说，莲心虽苦，却有去火和明目的作用，确是良药苦口利于病呢。

小小观察站

藕孔排成了什么形状呢?

提示:圆形。如果仔细看,会发现除了有排成圆形像花瓣一样的孔以外,边上还有很多不规则的,像很多小气泡一样的小孔。

有个成语叫藕断丝连,原意即藕被切断后,会有很多白丝相连。原来藕的结构中,有一些与人体血管一样的组织——导管。螺旋形的导管平时盘曲着,且富有弹性,折断后会被拉伸。

爷爷,藕长在荷叶下面吗?

是的。荷叶绿到哪儿,荷花就开到哪儿,藕就跟着长到哪儿。

农作物充电站

藕又称莲藕。莲的各部分名称不同,莲的柄名荷梗,叶名荷叶及荷叶蒂。荷花蕊名莲须,果壳名莲蓬;果实为莲肉或莲子,其中的胚芽名莲心,莲的地根茎名藕。

新挖出的藕,有的体表会有红色、褐红色的铁锈斑。这是因为连续几年种藕后,池中残留的藕的叶片、叶柄、根系等有机物越积越多,这些有机物在池底腐烂,消耗大量氧气,使池底氧气严重缺乏,于是,土壤中产生大量的硫化氢、亚铁类等还原性物质,于是就形成了锈斑。

芋头，
为什么会让人手痒痒

别名：青芋、芋艿（nǎi）、毛芋头

尚尚日记

见妈妈要剥新鲜的芋头，我连忙过去帮忙。妈妈已经来不及阻止了，我一手拿起了芋头，一手拿起了削皮器……哎呀，怎么回事？手痒死了！妈妈看我的可怜样又气又心疼，赶紧帮我处理。

原来，芋头的黏液中有一种叫皂苷（gān）的物质，只要接触到了皮肤，就会刺激得皮肤发痒。我问妈妈，那有什么好办法去掉它的皮吗？妈妈说有个小妙招，就是把带皮的芋头装进小口袋里，然后用手抓住袋口，反复将袋子在水泥地上摔几下，再把芋头倒出，芋头皮就全脱下来了，真可谓事半功倍呢。

小小观察站

小朋友可以仔细观察芋头的形状、大小，想想为什么很多地方的人们会把它称为毛芋头呢？

有句歇后语：烫手的芋头——扔了心痛，不扔手痛。热芋头不但烫手而且因为肉质像泥巴一样黏人，容易把人烫伤，拿的时候要小心，吃的时候要注意，耐心等待不那么烫了再送入口中享受美味。生芋头，最好只观察，不动手，小心手痒！

妈妈，你为什么要戴着手套削芋头？

因为芋头的黏液会使皮肤过敏，所以削皮的时候最好戴上手套，或是在流动的水里削。

农作物充电站

芋头跟马铃薯一样，属于块茎植物，可供食用，是重要的粮食、蔬菜兼用作物。芋头根据栽培类型可分为水芋、旱芋等。但无论水芋还是旱芋都喜欢高温多湿的环境。挑选芋头的时候，要选择比较结实且没有斑点的、体型匀称的、表皮圆润无坑洼的等，这样的芋头才是上品。

_{jiāo} 茭白，
曾经当粮食

别名：茭瓜、茭笋、菰^{gū}手

佩佩日记

　　要不是亲眼看见，我可不知道白白嫩嫩的茭白原来长在塘泥肥沃的浅水塘里呢！它的小苗很像稻秧，但比秧苗还要细长，一点也不起眼。它比秧苗长得快，只要天气暖和起来，它们就一丛丛、一簇簇，长得葱葱郁郁。茭白的茎叶较宽，质地坚硬，叶缘细部呈锯齿状，采茭白的时候，如果不小心很容易割伤手呢！

　　当剥去一层层浅绿色的青皮后，一节一节新鲜的茭白便露了出来，它呈淡黄、象牙色，透着温和的光，感觉又嫩又滑，真想咬上一口。奶奶似乎看出了我的心思，说："生茭白也可以吃。"太好了，我迫不及待地尝了一口，有点脆，有点甜，挺好吃。

小小观察站

茭白的形状像什么？我们食用的是它的哪一部分呢？

提示：肉质茎。

农作物充电站

我们现在把茭白当蔬菜食用，其实，在古代的时候人们把茭白当作粮食进行栽培，而且，最早的粽子还曾用茭白叶作为包裹材料。可是后来，人们发现有些茭白染上了一种病菌而不再抽穗，但植株毫无病象，茎部却不断膨大，逐渐形成了纺锤形的肉质茎。于是，肉质茎就成了现在食用的茭白。自然而然，茭白就由谷类变成了蔬类。

唐代以前，茭白被当作粮食作物栽培，它的种子叫菰米或雕胡，是"六谷"（稌、黍、稷、粱、麦、菰）之一。

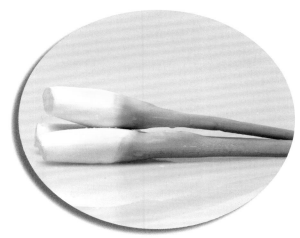

慈姑，

cí gu

一个妈妈照顾十多个孩子

别名：茨菰、燕尾草、白地栗

佩佩日记

　　阳台上晾晒了很多个圆头圆脑又带着尖尾巴的东西——慈姑。妈妈教我把它薄薄的一层外皮刮去，它露出了丰腴雪白的身子。我问妈妈，为什么不留着它的小尾巴一起吃呢？妈妈说这部分的铅等重金属含量很高，人吃了容易导致铅中毒。随即，妈妈将它们一剖两半，用开水烫了烫，就放在了骨头汤里，直到煮到酥软……

慈姑不但营养丰富，还是一味中药，有解毒利尿、散热消结等功效。

小小观察站

慈姑为什么被叫作燕尾草？看看它的叶子像分叉的燕子尾巴吗？

妈妈，慈姑的花也很漂亮呀！

是啊，它的叶形奇特，花朵洁白，所以也常被用来做水岸边的观赏植物呢。

农作物充电站

慈姑是水生草本植物，生长在各种水面的浅水区。李时珍在《本草纲目》中说，因为它一株生 12 个，就像慈祥的妈妈一样照顾着 12 个孩子，所以取名慈姑。其实慈姑一根能生 6~15 个孩子。它的叶子很奇特，像箭头一样，它的肉质球茎供人们食用。它的适应能力较强，也经常被用来做水边、岸边的绿化材料和盆栽观赏植物。

慈姑叶子，很像分叉的燕子尾巴。

荸荠，
bí qi

藏在地下的美味

别名：马蹄、水栗、乌芋

尚尚日记

　　我跟着爷爷来到荸荠田里挖荸荠，可是，放眼望去，看到的全是一片细细长长的草，我不解地问："这里全是草，哪有荸荠？"爷爷说，"你看到的草就是荸荠呀！只是它们藏在地下呢！"只见爷爷用镰刀割去一片荸荠棵子，然后抡起锄头，猛地锄了下去，只听"砰"的一声，泥土被挖开了。我连忙蹲下身子去找，可还是没看到。爷爷让我靠边站着，说"别着急，一会儿就有了！"一锄、两锄、三锄……啊！我终于看到了荸荠圆圆的身影。它穿着枣红色的外衣，头戴一顶小黄帽，身上裹满了泥土。我和爷爷分工合作，他挖我捡，半个多小时，我们就收获了小半篮荸荠呢。

别看荸荠长得黑，它的肉可是雪白又甜呢！

小小观察站

剥开荸荠的"三角帽"，会看到包围着白圆点的像树桩上年轮一样的条纹，数一数，有多少条？

尚尚，知道荸荠为什么又叫地栗吗？

哈哈，难不倒我，爸爸告诉我，因为它形状、成分、功用等都和栗子相似，而且长在泥土中，所以又叫地栗。

农作物充电站

荸荠长在池沼中，地上的深绿色茎丛生，地下的球茎可供食用。食用部分为扁圆形，上面尖，表面光滑有光泽，紫红色或者黑褐色。因它长得像马蹄，人们也称它马蹄。其外表像栗子，不仅形状，连性味、成分、功用都与栗子相似，又因它在泥中结果，所以人们叫它地栗。它既可做水果生吃，又可做蔬菜食用。

农作物游乐园

捋一些新鲜的荸荠秆，用手指捋它们，只要速度拿捏的好，在捋的过程中，茎秆会发出细微的"哔哔"声，自娱自乐地听声音，很好玩呢。

líng
菱角，
到底有几个角

别名：水菱、风菱、乌菱

尚尚日记

　　一片片菱叶密密麻麻地浮在水面上，又扁又尖，我忍不住摸了摸，叶的表面很是光滑。它们聚生于茎端，在水面形成莲座状的菱盘。爸爸鼓励我拿起整株来观察，我发现叶下是紫红色的茎，还开着鲜艳的黄色小花呢！原来菱角就藏在叶片和茎的下面，它们隐藏得非常深，一定要把菱叶翻个底朝天才可以看见。

晒干的菱角看起来是不是既
像蝙蝠，又像牛角？

小小观察站

菱角的叶片是什么形状的？
提示：菱形。

爸爸，为什么有
的菱角有两个角，
有的有四个角？

它的果实有好几
种，二角为菱，三
角、四角为芰。

农作物故事

菱角生长在湖里，它的叶子形状为菱形，茎为紫红色，开鲜艳的黄色小花。果实称菱角，生于密叶下的水中，必须全株拿起来倒翻，才可以看得见。

有一个"北人食菱"的故事：有个出生在北方的人，有一次在酒席上吃菱角，连菱角的壳一起吃了下去。有人就提醒他，菱角要去掉壳了再吃。那个人为了掩饰自己的无知，说我知道！我连壳一起吃是为了清热解毒。别人就问他，难道北方也有菱角吗？他回答说："有山的地方不就有菱角么？"其实，菱角生长在水中，并不是山上。这个人为了装作有学问，把不知道的说成知道的，闹了大笑话。

菱角好吃，可要把它的壳去掉并不容易，
小朋友能剥出一个完整的菱角果肉来吗？

gìàn
芡实，
如野鸡高高翘起头

别名：鸡头米、鸡头荷、鸡头莲

尚尚日记

　　大片的芡实叶贴在水面上，比荷叶还要大，上面有很多皱纹，叶面呈青色，背面呈紫色，茎、叶都有刺。我把它拔起来，小心地拿着它的根，它那白色的须根很多，而且根内有许多小气道，与茎叶中的气道相通。它的茎很短，节间密集，形状如倒圆锥形。我问爷爷，为什么没看到它的果实呢？爷爷说，芡实开花后，就会在果壳内长出像鱼眼睛一样的白米了，那就是它的果实。

芡实的种子含淀粉、蛋白质及脂肪，营养价值极高，它也是一种常用的中药。

芡实花开时面向阳光结苞，苞上有青刺。花在苞顶，形如鸡喙。芡实全株都有尖刺，又叫刺莲藕。

小小观察站

观察一下芡实浮于水面的叶片是什么样子的？

提示：椭圆肾形或圆形，上面深绿色，多皱褶，下面深紫色。

农作物故事

芡实是睡莲科大型水生植物。它的果实可食用，也可作药用。相传古时正遇上饥荒，一个名叫倩倩的女子因饥饿过度晕倒在河边，醒来时看到不远处一只只野鸡高高地翘起头，定睛一看，发现是形状像鸡头的说不出名字的水草，于是她采了些"鸡头"回去蒸煮，煮好后切开发现里面是一粒粒饱满的果实，剥开硬壳后便露出了雪白的果仁，吃起来有股清香。自此以后人们便把这个食物叫倩（芡）食（实）。

常见果实

　　瞧，柿树、苹果树、枣树都已硕果累累了。柿子结得稠，一簇一簇，滚圆肥实，像一个个红灯笼；色红似玛瑙似的大苹果，像挤在一起的胖娃娃的脸蛋儿；大枣儿摆动着一张张红色的圆脸，冲人们点头微笑……一到采摘的季节，人们有的攀着树枝，抖落枝叶上的露珠，用灵巧的手摘果子，装满了一筐又一筐；有的驾驶着拖拉机、汽车，载着一座座山似的果子，运往外地。好一幅热闹的丰收景象。

桔子，
不就是橘子吗

别名：橘子

尚尚日记

今天佩佩给我出了一个谜题，"黄澄澄的坛子，盛满水晶饺子，吃掉水晶饺子，吐出粒粒珠子。"我想了半天，也没想出答案。佩佩说就是橘子啊。橘子很小的时候是深绿色的，后来逐渐变成了浅绿色，当它变成橙色的时候说明它就能吃了。黄澄澄的橘子就像一个个小灯笼。仔细看会发现它们的"外衣"其实有很多小孔。当它的外皮被剥开，顿时一股清香扑鼻而来，一瓣瓣月牙般的橘子瓣紧偎在一起，好像十几个兄弟紧紧抱在一起。取一瓣放入嘴中嚼嚼，酸酸甜甜的。很多小朋友都和我一样喜欢吃橘子吧！

小小观察站

橘子吃起来酸甜可口，小朋友还能想到哪些吃起来酸甜的水果呢？

橘子的故乡在中国，至今在荷兰和德国等地方还被称为"中国苹果"呢！

奶奶，桔子就是橘子吗？

北方叫橘，南方叫桔，其实是一样的。

农作物充电站

橘子是最常见的一种水果了，它的肉、皮、络、核、叶都可以入药。在我国沿海地区，流行着一种风俗，人们习惯把橘字写成"桔"字，因为"桔"字和"吉"字很相近，因此在新春时节用橘子相互馈赠以求吉利，希望在新的一年里大吉大利，小小的橘子也就成了人们的护身符。

农作物游乐园

用橘子皮做一个小橘灯试试，或是和小伙伴们一起玩个剥橘子皮比赛！看谁剥的橘子皮更有创意。

以下这些水果，吃起来是不是也是酸酸甜甜的呢？

柚子　　　　　　　　梅子　　　　　　　　杨梅

桃，
为什么是吉祥的象征

别名：肺果

佩佩日记

妈妈递给我一个水蜜桃，一股淡雅的香味扑鼻而来，我情不自禁地咽了咽口水。这个桃子已经熟透，白里带红，捏上去软软的。我轻轻一剥，皮就整块地掉下来，露出了水汪汪、乳白色的果肉，清甜的汁水顺着我的手臂往下淌，我立刻吮吸了一口："可真甜呀！"

我想起电视里美猴王偷吃蟠桃的故事，我想要是让宇航员叔叔给美猴王带去人间的水蜜桃，它一定就不会偷吃天上的蟠桃了吧。

用于赏花的桃树，其果实太小，并不适合食用。

桃胶，是一种浅黄色透明的液体天然树脂，可以食用，也可做工业用途。

小小观察站

发现桃树上那些像胶一样黏黏的东西了吗？

提示：那是桃胶，是桃树在外力作用下产生伤口后分泌的，分泌桃胶有利于伤口自愈，比较黏稠的液体通过太阳晒而蒸发，最后形成固体。

种下桃核，能长成桃树吗？

提示：自己种下桃核长成的树一年就能半人高，一两年就可以结果，但是结出的果又小又酸，通常叫作毛桃，只有对桃树进行嫁接，才能结出市场上卖的那种桃子。

农作物充电站

桃有很多品种，一般果皮都有毛，而油桃的果皮是光滑的；蟠桃的果实是扁盘状的，而碧桃是观赏花用桃树，有多种形式的花瓣。在我国的文化中，桃有着吉祥、长寿的民俗象征意义。桃花，象征着春天、爱情、美颜与理想世界；枝木，用于驱邪求吉；桃果，融入了中国的神话中，被称为仙桃、寿桃等，民间年画上的老寿星，手里总是拿着桃——寿桃。

人们一般用桃来做庆寿的物品，献给老人，以祝福老人健康长寿。神话中王母娘娘做寿曾设蟠桃会款待群仙。

苹果，
寻找它身上的"五角星"

别名：平安果、智慧果、天然子

佩佩日记

　　妈妈问我，苹果怎么切能看到"五角星"？每个苹果都能切出一个"五角星"吗？我拿起苹果和小刀，一连切了好几个，后来才发现必须是拦腰横切才会看到"五角星"。原来在苹果的果实中，每果有 5 个心室，每心室有两粒红褐色的种子。切完苹果，我心血来潮，把家里的梨子、草莓和橘子也都切了，我发现梨子跟苹果一样也有"五角星"。当我把这个秘密告诉妈妈时，妈妈还夸我有主动探索精神呢。

小小观察站

苹果切开后，如果一时半会儿没吃，观察它会不会变颜色，为什么呢？

提示：因为苹果含铁，暴露在空气中，铁就被氧化了，所以变得像生了锈似的。

我们在超市看到的蛇果，其实和蛇一点关系都没有，它属于苹果的一种。

农作物充电站

西方有句谚语"一天一苹果，医生远离我"，说明苹果的营养价值很高。它的果肉清脆香甜，能助消化，但要注意的是，苹果核有微毒，最好不要吃，即使榨汁也要去除。因为苹果的"苹"字和"平"同音，所以近几年来流行平安夜吃平安果——苹果。

梨，
人们为什么不愿分开吃

别名：大鸭梨

佩佩日记

　　不知不觉，奶奶屋前的梨树上长出了许多花骨朵。没几天的工夫，花骨朵就变成了洁白的花朵，整棵树就变成了一个花的海洋。远远望去，一簇簇雪白的梨花如团团云絮，漫卷轻飘。春风一吹，花朵洒向整个院落，花香飘出数里，不但吸引了成群结队的蜜蜂前来采蜜，而且还引来了蝴蝶。我深深地吸了一口气，花香沁入心脾了。

梨花洁白如琼玉，又被称作玉雨花，名字很风雅吧！

小小观察站

为什么一些梨上长有"雀斑"，这是怎么回事呢？

提示：原来梨有公母之分，"雀斑"是它们在生长过程中色素沉淀形成的。其顶部颜色深的为雌性，果底凹陷，果形美观，尾部比较圆润光滑，果核小，果质细腻，水分足；而颜色浅的为雄性，有麻点，果底凸出，外形难看，长得有棱有角，崎岖不平，果核大，果肉粗糙水分少，不甜。

爸爸，为什么树上的梨要用袋子套上呢？

这是为了减少果实的病虫为害，减少农药污染。

农作物充电站

梨素有百果之宗的美誉。梨可改善呼吸系统和肺部功能，有润肺的功效，可以降低肺部受空气中的灰尘和烟尘的不良影响。因为梨本身就同"离"字同音，迷信认为，如果把一个梨切成两半，就意味着分梨（离），所以人们都不愿意把梨分开了吃。

梨可以润肺，祛痰化咳，所以很多人咳嗽的时候会想到用梨煮水喝。 ▶

樱桃，
樱花树上为何见不到它

别名：莺桃、荆桃、樱桃

佩佩日记

　　樱桃的果实，据说黄莺特别喜欢吃，所以又叫莺桃。今天，妈妈买了很多樱桃回来，它小巧如珍珠，色泽红艳光洁，很像古代美女的耳环。它的全身红里透黄，油亮如美玉和玛瑙，很容易让人想起傍晚美丽的晚霞。它的形状极像缩版的苹果。把它拿在手里，凑近鼻子仔细闻闻，有一种淡淡的清香，忍不住尝一口，酸酸甜甜。最好玩的是，把它放入嘴里，像含了弹珠一样滑来滑去，吃完樱桃肉，把黄色的核吐出来，轻轻用手一捏，它就又像弹珠一样飞了出去。

小小观察站

我们吃的樱桃是樱花树上长出来的吗？樱桃都是红色的吗？

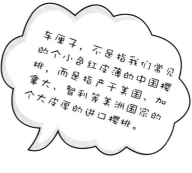

农作物充电站

我们平时见到的樱花和樱桃不是同一种植物。樱花树的果实紫色或黄色，有的果实鲜红可爱，但酸苦不可食。而樱桃树的果实为红色，或初熟时带淡黄色，其果实甜美、可食，而且，樱桃的花是单瓣的，没有樱花的变化多端。

▲ 樱桃成熟期早，有"早春第一果"的美誉。

我们常见的樱花谢了之后，结出不起眼的果实，常常还没到成熟就被造访的灰喜鹊和斑鸠给吃了，难得少量成熟的，吃起来又酸又涩，和樱桃的口感没法比。 ▶

石榴，
多子多福的象征

别名：安石榴、山力叶、丹若

佩佩日记

花园里有一棵石榴树，它的叶子很奇特，老树枝上的叶子对称生长，新树枝上的叶子轮状生长。更奇妙的是石榴树没有主干，都是从根部分出许多树干，树干又都很粗糙，表面凹凸不平。树干上还会分出许多弯弯曲曲的小树枝，像鱼钩一样弯。枝条上又有许多小刺。当石榴成熟时，远远看去似乎表面很光滑，可走近去摸摸它，又发现它其实有些粗糙。

小小观察站

石榴树枝上有刺吗？

提示：这些小刺是石榴树自我保护的"秘密武器"。一方面有小刺就不怕小动物们来啃咬它们了；另一方面能减少水分蒸发，特别是在干冷的冬天，能减少水分的消耗。

▼ 石榴花在初夏盛开，"喇叭"是绽开的石榴花，"小红果"是它的花骨朵。

农作物充电站

石榴花大色艳，而且花期长，既能赏花，又可食果，所以很多人喜欢在家里种上石榴树。它受人欢迎还有一个重要的原因，就是它寓意好，色彩鲜艳、子多饱满的石榴，象征多子多福、子孙满堂。

在我国的唐朝，石榴裙是年轻女孩们青睐的一种服饰款式。这种如石榴红色的裙子，使穿着它的女孩们显得俏丽动人。俗语"拜倒在石榴裙下"，即形容男子被女性的美丽所征服。

◀ 人们把石榴当成吉祥物，认为它是多子多福的象征。

shèn
桑葚，
红得发紫，紫得发黑

别名：桑实、葚、乌椹

佩佩日记

　　紫红色的桑葚儿，三五成群地躲在桑叶下，在微风中轻轻颤动。成熟了的桑葚儿表面黑里透红，坑坑洼洼，外形像超小版的菠萝。桑葚略带酸甜的清香味道，又酷似草莓，谁走到树下都想摘几颗尝尝，我也早已经垂涎欲滴了。现在，终于有机会去解馋了。

　　走到桑树下，看见弯弯曲曲的树枝像走迷宫一样往四周伸展，还有一根淘气的树枝已经把头探到了过道上。尚尚站在爷爷拿过来的梯子上摘，我站在凳子上拿着盆随时准备接。我俩合作，不一会儿就有了半盆，等不及洗，我已经悄悄地把桑葚儿放进了嘴里……

桑葚汁粘在手上，手就被染成了黑色。▶

小小观察站

仔细瞧瞧，都说桑葚熟透了变成黑色，到底是不是呢？

提示：因为紫红得太重，所以看上去像是黑色。人们常说红得发紫，紫得发黑。

爸爸，桑葚甜甜的，太好吃了！

但也不能吃太多哦，桑葚含有较多的鞣酸，会影响人体对铁、钙、锌等物质的吸收。

农作物故事

桑葚是桑树的果实。它不仅可以当水果吃，而且可以用来酿酒。桑葚的营养丰富，在古代是皇帝的御用补品呢！传说当年刘邦在徐州曾被项羽打得丢盔弃甲。在他们走投无路时，急匆匆躲进了一个阴暗的山洞里。刘邦虽然躲过一劫，却因受惊怕过度，长年头痛、头晕的老毛病突然复发，而且又饥寒交迫，此时周围只有茂密的桑树林，而且正好桑葚压下枝头。为渡难关，刘邦只得吃桑葚。奇怪的是，几日后，他突然觉得神清气爽，而且身体强劲有力。刘邦当了汉朝的开国皇帝后，并没有忘记桑葚的救命之恩。御医也顺着他的心意，将桑葚加蜜熬膏，让他常年服用。

pí pa
枇杷，
敢与严寒对抗的小花朵

别名：芦橘、金丸、芦枝

尚尚日记

　　冬去春来，枇杷树上那琵琶形状的绿叶之间，结满了青青的果子，它们像一个个害羞的小姑娘。到了四五月，椭圆形黄澄澄的枇杷外皮上附着了一层细细的绒毛。它们夹杂在绿叶中，可谓"金果压枝，灿若群星"啊。

　　我时常骄傲地说，我认识很多种枇杷，酸甜可口的早钟6号，椭圆形的长虹，又大又红的解放钟，扁扁圆圆的橘子红等。它们品种虽然不同，长相也不同，香味也各异，但无论是哪种放在我面前，我都禁不住直流口水。

小小观察站

一般吃枇杷是什么季节？

提示：枇杷在秋天或初冬开花，果子在春天至初夏成熟，和樱桃一样，属于上市较早的水果。

农作物充电站

枇杷在春天成熟，花朵在冬天怒放。在万物凋零的冬季，它能不屈不挠地与严寒对抗，开出细小的黄色小花，温暖着人们的视线。一般在春季开花的植物都需要长时间的日照才会盛开，而在秋冬季开花的植物对于光照的时间要求不高。枇杷恰恰是属于不需要长时间光照的植物，所以冬季能开花。

枇杷花

枇杷除了可鲜吃外，它的果肉也可被制成糖水罐头，或用来酿酒。

山楂，
为什么那么酸

别名：山里果、山里红、酸里红

佩佩日记

　　酸里带甜的冰糖葫芦我很喜欢吃。今天，妈妈从树上摘了些山楂要做给我吃。首先，妈妈叫我和她一起将山楂上的柄去掉，再用水把它们洗干净，然后用竹签穿起来待用。然后，只见妈妈拿出几大块冰糖放到锅里，把火开大，并不停地搅拌，使固体冰糖变成了黏乎乎的液体。等时机恰当的时候，把穿好的山楂串放到碗里快速地滚一下，为了让山楂和糖混合均匀，还舀了一勺糖，淋在了山楂串上。冰糖葫芦就这样出锅了。看似简单，妈妈说，掌握火候是关键。

小小观察站

山楂树的枝杈分别向东、南、西三面伸展,唯独没有向北伸展的,这是怎么回事呢?

提示:每天太阳总是从东边升起,走过南边,又在西边落下。树木都喜欢阳光,为了尽可能吸收更多的阳光,枝杈们就拼命地向着阳光充足的方向伸展。

滚圆的山楂,红似玛瑙。咬上一口,哇!好酸! ▼

农作物故事

山楂味微酸涩,既可以生吃,也可以做成果脯、果糕,干制后又是一味中药。对于它的吃法,我们最熟悉的要数冰糖葫芦了。传说在南宋绍熙年间,宋光宗最宠爱的皇贵妃得了一种怪病,面黄肌瘦。御医用了许多贵重药品都不见效。皇帝只好张贴皇榜,以求民间的神医。没多久就有一位江湖郎中揭榜进宫,他为皇贵妃把脉诊断后说,只要将棠球子,也就是山楂,与红糖煎熬,每饭前吃 5 ~ 10 颗,半个月后病准会好。皇贵妃就按这个药方服用,果然半个月后就痊愈了。皇帝龙颜大悦。

▲
冰糖葫芦有酸甜的口味、冰脆的口感、丰富的营养,见了都让人垂涎三尺。

▲
我们常吃的果丹皮就是山楂做成的。

柿子，
软柿子和脆柿子是同一种柿子吗

别名：红嘟嘟、朱果、红柿

佩佩日记

    当柿子树花满枝头的时候，一簇簇小巧的淡黄色花朵点缀在绿荫丛中，只要打开窗户，整个院子都会弥漫着清幽淡雅的芳香。不知不觉中，花儿落尽，果实已经挂满枝头。秋天，青柿子换上了娇滴滴的红脸儿，柿子个个由青变红。渐渐地，那擀面杖粗的枝头被红透了的柿子压弯了腰，弯树枝仿佛在催促人们赶快把柿子摘下来，好让它们喘口气。

吃起来脆脆的脆柿子，其实和我们平时吃的软柿子是一样的，只不过它们采摘后的加工方法（脱涩过程）不一样而已。

柿子晒干之后可以制成柿饼。柿饼的表面有一层白色粉末——柿霜，它是由内部渗出的葡萄糖凝结而成的晶体。

小小观察站

　　为什么人们摘下来的柿子有些是青的，能吃吗？

　　提示：便于运输，把它放置一段时间，自然会变得又红又软。

农作物充电站

　　柿子的果实形状很多，有的是球形，有的是扁圆形，还有的是锥形和方形等。人们根据它们在树上成熟前能否自然脱涩分为涩柿和甜柿两类。大部分柿子吃起来是涩的，必须在采摘后先经人工脱涩（把它和其他成熟水果在一起放几天，如熟苹果、熟香蕉，或用温水浸泡几天）后才可以食用，而这种涩味物质就是它身上的鞣酸。吃完柿子记得漱口，因为这种弱酸性的鞣酸，易使牙齿形成龋齿。

葡萄，
繁茂的枝叶为什么要被剪掉

别名：提子、蒲桃、草龙珠

佩佩日记

　　春天，葡萄藤上长出了许多嫩绿的芽儿。夏天，这些嫩绿的小芽儿就渐渐长成了翠绿的叶子，就像巧手的织女在架上织成的翠绿的网，中间还有串串绿色的葡萄点缀。秋天，葡萄架上结满了紫莹莹的葡萄，真诱人。冬天，葡萄藤的叶子黄了，落了，可光秃秃的葡萄藤就像爷爷那筋骨突出的手臂，一点也没有失去风采，反而更显出它的筋强骨健。当皑皑白雪落满了后院，葡萄架上仿佛被盖上了银色的被子。多美的葡萄架呀！今天是七月初七，我悄悄地跑到葡萄架下屏息凝神静听，想听到传说中牛郎和织女的对话，可什么也没听到，不知道谁听到了呢？

158

小小观察站

为什么人们要把茂密的葡萄藤剪掉，只保留一部分呢？

提示：为了防止它爬满整个棚架，枝叶过密，影响通风透光，引发病虫害滋生，而减少收成。

提子是进口品种葡萄，果脆个大、甜酸适口。

农作物充电站

葡萄酒是自然发酵的产物，葡萄果粒成熟后落到地上，果皮破裂，渗出的果汁与酵母菌接触后不久，最早的葡萄酒就产生了。如果我们在家自己酿制葡萄酒，就要带皮一起酿造，因为它的天然酵母即野生酵母常附着在葡萄果皮上，即使不另行加酵母的情况下，它也能自行发酵。

酿酒的葡萄颗粒小，皮很厚，果肉少，汁多，吃起来苦涩。连皮做出来的是红葡萄酒，去皮做的就是白葡萄酒。

香蕉，
神奇的快乐水果

别名：金蕉、弓蕉

佩佩日记

　　今天，老师用图片给我们展示了香蕉是怎么来的。老师说香蕉开花，先是最上边的一个花瓣向上卷起，然后一个一个地卷起，而其他的花瓣仍严严实实地包在一起，按次序等待绽开。一个花瓣下面就长着一把儿香蕉。等香蕉长出来了，卷起的花瓣和苞片就需要一齐剪掉。当然，苞片并不是真正的花，它属于一种变态的叶子，长在花的底部，对果实起一定的保护作用。

　　慢慢地，花的基部会长出两排娇嫩的小花，这才是香蕉的花，每年四月开放。花瓣就长在顶端。我们吃的每个香蕉，都是由一朵花发育出来的。长在一个苞片下面的一簇簇的花朵，最终发育成我们所见到的一把儿香蕉。

小小观察站

小朋友能找到香蕉的种子吗？

提示：掰开香蕉，在果肉中间有黑褐色的小点，这就是它的种子，但这些种子已经退化，不再具有种子的功能。

农作物充电站

香蕉在生长的过程中，努力地朝有光的地方伸展，慢慢地就长弯了。香蕉成熟时，表皮会出现黑点，这时候吃口感最好。还没成熟的香蕉含有大量鞣酸，易导致便秘，当它成熟后，鞣酸的含量就会大大降低。要注意的是，当它的果肉出现发黑、腐烂现象时就不宜再吃了。

农作物游乐园

吃完香蕉后，拿针在香蕉皮上扎出一个个小洞，通过控制针洞的密度来塑造不同的质感和阴影，利用空气的氧化作用，香蕉皮就会呈现令人惊叹的画作，赶快试试吧！

传说佛教始祖释迦牟尼由于吃了香蕉而获得智慧，因而人们叫它智慧之果；香蕉中含有一种物质，能让人变得快乐舒畅，它也被人称为快乐水果。

荔枝，
为何原名叫离枝

别名：丹荔、丽枝、离枝

佩佩日记

　　爸爸的手背后，拿着什么东西进来了，他说，佩佩，我给你描述一下，你能猜出它是什么水果吗？每当腊月，它们会长出嫩绿的的春梢，继而开出美丽的、小巧玲珑的花儿，结出小小的、青涩的果实。果实的外表粗糙，满是疙瘩，但它的内心光滑，晶莹剔透。果实成心形或球形，果皮上是鳞斑状突起，呈鲜红、紫红、青绿或青白色。果肉呈半透明凝脂状，多汁，味道甘甜甘甜的，还有一个大大的核儿，猜出是什么了吧？爸爸双手一摊，原来就是我已经猜准的荔枝。

新鲜荔枝的果肉晶莹剔透，随着放置时间的延长，果肉会逐渐变成乳白色。

小小观察站

仔细观察，荔枝壳的中间有一条缝吗？

提示：沿荔枝中线按压，果肉就会弹出来。

爷爷，荔枝的核就是它的种子吗？

是啊，果肉里的核就是它的种子。

农作物充电站

荔枝的原名叫离枝，因为它的果蒂牢牢地长在弱弱的枝条上，不容易摘取，需要用刀斧来采摘，让它离开枝头，所以就取了这么个名字。荔枝含有丰富的维生素，而且味香甜，但不耐贮藏。诗人杜牧的诗"长安回望绣成堆，山顶千门次第开。一骑红尘妃子笑，无人知是荔枝来"说的是杨贵妃喜欢吃新鲜荔枝，唐玄宗便命令从远地飞马转运，博杨贵妃红颜一笑的事。

龙眼经常和荔枝相提并论。龙眼就是新鲜的桂圆，它的表面要比荔枝光滑。

木瓜，
原来长在树上

别名：榠 míng 楂、木李、海棠

佩佩日记

　　木瓜树的叶子呈椭圆形，带有倒刺，非常锋利。一片片叶子看起来绿油油的，很像举着一面面小绿旗的站岗卫兵。只要风一来，枝叶就会发出沙沙沙的声响，一会儿动，一会儿又不动，仿佛是要引起人们的注意。到了树叶变黄的时节，它就会慢慢地落下来，好似蝴蝶在空中翩翩起舞。

小小观察站

　　木瓜树会开花吗？它的花是什么颜色的？

　　提示：会。木瓜树上开出的花是淡粉色的，花期长达 4 个月。

▼ 切开木瓜会看到许多黑色的圆籽，密密麻麻地拥簇在木瓜心里。

农作物充电站

　　木瓜是南方的特产，一年四季都有，它的果实在未成熟前，如果用刀子在果实上划一刀，即会流出白色乳汁，所以它又叫乳瓜。我国的广西壮族自治区盛产一种木瓜，叫番木瓜，从它未成熟的乳汁中可提取番木瓜素，是一种制造化妆品的好原料，具有美容增白的功效。此外，木瓜也具有丰胸的作用，所以它深受女孩子们的喜爱。

木瓜并不像南瓜、西瓜一样生长在藤蔓上，而是直接结在树干上。▶

芒果，
长在路边的最好不要吃

máng
别名：杧果、檬果

佩佩日记

金黄色的芒果，胖嘟嘟的，真诱人。它的外表很光滑，仔细看，表皮上有一丝丝的花纹。我吃过很多芒果，最小的犹如一个笨鸡蛋大，最大的比爸爸的手掌还大呢！吃到它的果核时，会出现一丝丝的经络，很难咬断，但我还是会把它吃得很干净。有一次妈妈换了一个切芒果的方法，只见她用水果刀，小心翼翼地将芒果从侧面切开，将果核去除，然后用小刀在果肉上先横着划几刀，然后又竖着划几刀，再用手轻轻地将果皮向外翻开，顿时一朵美丽的芒果花盛开了，这种吃法真是太美妙了！

小小观察站

芒果的形状是不是千姿百态?

提示:有的像鹅卵石,有的像弯弯的小船,有的像象牙,有的像牛角,还有的像少数民族的乐器——"埙"。

爷爷,芒果还是青皮的怎么就摘下来了呢?

只要采摘时不碰损,把它们在米缸里放一段时间,自然就熟了,这样方便运输。

农作物充电站

芒果是有名的热带水果,人们除了吃新鲜芒果外,还用它来加工成果酱、果汁、果粉、蜜饯及各种腌制品等。芒果树皮和树叶可以提炼天然的植物染料,用于纺织品的染色。南方城市称芒果树为绿化守护者,因为芒果树有吸热作用,它不仅能降低道路的温度,还能吸去尘土,放出氧气,降低噪音。种在路边的芒果树主要用于净化环境、吸收有毒气体,结出的果子可能已经受到污染,所以,不要食用,否则会危及健康。

芒果究竟有多好吃呢?泰国有一种叫婆罗门米亚的芒果深受人们的喜爱,意思是"卖老婆的婆罗门",传说有个酷爱芒果的婆罗门竟把老婆卖了买芒果吃,因此得名。

杨桃，
横切面看起来像个五角星

别名：洋桃、阳桃

尚尚日记

　　杨桃长得很独特，今天，爸爸给了我一个，让我仔细观察它的形状。它的外形呈黄绿色的五角棱形。有趣的是，从不同的角度看，它的外形还有区别呢。把它竖起来看，它像转动的门；把它横着看，它像一个惊讶时张大的嘴巴；横切开来看，它又像一个五角星……更奇妙的是，把它拿到阳光下看，它晶莹剔透，难怪有人给它取名"玻璃之星"。

▲

杨桃的横切面像五角星吗？它的英文名就是星果（Star fruit）。

小小观察站

见过杨桃的花朵吗？它是什么颜色的？

提示：杨桃的花小，是紫红色的。

为什么有的杨桃酸，有的甜？

杨桃分为酸杨桃和甜杨桃两类。酸的多作烹调配料或加工蜜饯，甜的生吃。

农作物充电站

杨桃树是常绿小乔木。它的叶子很有意思，会对光和热产生反应，受到外力触碰会缓慢闭合。它的果实淡绿色或蜡黄色，有时带暗红色，且一般有五棱，所以如果横着切开，会呈现一个五角星，也有六棱或三棱，但很少。

椰子，
热带沿海，漂到哪里哪里长

别名：胥余、越王头、椰瓢

佩佩日记

夏天，水果商贩在路边摆满了很多圆溜溜的东西，跟西瓜一样大小，有的是青色的，有的是土黄色的。我好奇地问，那是什么？爸爸说："那是椰子呀！可以喝！""可以喝？怎么喝呀？"我马上来了兴趣。

爸爸走上前，拿起一个椰子，用手摇了摇，对商贩说，来一个吧！商贩很爽快地应了一声，就拿出一把砍刀，把椰子有蒂的一侧皮削开，露出了椰核，再用刀尖凿开椰核，椰汁就喷了出来。插上吸管，然后递给了我。我喝了一口，淡淡的，没有想象中甜，"爸爸，怎么和超市买的椰子汁味道不一样？"爸爸笑了笑说："椰汁饮料加入了添加剂和调味剂，当然味道更浓。这个可是天然的哦！"原来如此呀！

小小观察站

　　白白的椰肉是椰子的哪一部分？

　　提示：椰肉就是椰子囊。喝完椰汁后，砸开果皮就可以看到里面白白的椰肉。

农作物充电站

　　椰子树喜欢长在海边，因为海边的水分、空气和温度等都适合它们生长。椰子是椰子树的种子，它传播种子的方式是随海漂流到新的地方重新生长，所以它们是著名的"航海家"。椰子不透水的外壳很轻，中果皮是充满空气的棕麻般的纤维组织。椰果的这种构造对它的漂流航行十分有利。千百年来，野生的椰子树就是依靠这种自然传播的方式，遍游热带沿海海岸，在那里繁衍子孙。后来又在人类的精心培育下，迅速发展成为今天大面积种植的椰子树。

▲
硬邦邦的椰壳是非常难得的手工制作材料。

▲
椰果新鲜时，有清澈的椰汁。椰汁清如水、味微甜，晶莹透亮，是很好的清凉解渴饮料。

农作物游乐园

　　小朋友，如果给你一个新鲜的椰子，你能顺利喝到里面的椰汁吗？先把椰子表面的那些毛茬拔掉，清理干净，然后找到椰子上有三个小圆点的地方。再用小尖头的工具轻轻一捅小圆点，就能看到椰肉，最后用吸管轻轻一戳即可。

　　猜一猜，右边是什么？小型椰子吗？

槟榔 ▼

榴莲，
让人又爱又恨的万果之王

别名：韶子（sháo zi）、麝香猫果（shè）

佩佩日记

　　第一次吃榴莲时，那种异常的气味使我望而却步，可奇怪的是，吃了第一口以后，居然还想再来一口，它的味道像酸酸的橘子，又像甜甜的香蕉。

　　今天爸爸又带回来一个，我开始研究起它的内部构造来。用刀撬开一道缝隙，再撬开厚壳，犹如打开了一套果实的单元，单元内有几个"房间"，每个"房间"都躺着一个或连体或分开的黄色的肉身，每一小块肉身内有一枚酒红色的核。吃到榴莲的核时，核与肉即分离。榴莲的构造真是很特别呢。

小小观察站

榴莲的形状看起来像什么呢？它上面的刺扎手吗？

榴莲是一种奇特的水果，很多人都对它有着两种极端的情感——不是特别喜欢它就是特别讨厌它——喜欢它的味道，讨厌它的气味。

农作物故事

榴莲是热带有名的水果，在泰国是水果之王。相传在明朝，郑和的船队下西洋时，出海时间太长，大家都有了思乡之情。一天，郑和在岸上发现了一种奇异的果实，就带回去和大家一起品尝，大家吃后对其称赞不已，思乡的念头竟一时淡化了。有人就问他这是什么水果，他随口说"流连"，以寄托对家乡的"流连忘返"之情，由于谐音，后来人们就将它称为榴莲了。

mí hóu

猕猴桃，
与猕猴有什么关系吗

别名：奇异果、羊桃

佩佩日记

我一直以为猕猴桃像桃子一样长在树上，今天参观了猕猴桃园才知道它的枝条像葡萄一样长在架子上。枝条不停地绕着架子往上爬，直到结果为止。可能因为猕猴桃一身细细的毛看上去像一只活蹦乱跳的猕猴，所以才得了这么个名字吧！它的果肉是绿色或黄色的，还有一粒粒像芝麻似的籽。长在架子上的猕猴桃摸上去硬邦邦的，吃起来酸酸的，老师说还要放一段时间，等捏上去软软的，吃起来才会味道绝佳。虽然它貌不惊人，却被人们誉为"水果之王""美容水果""保健水果"，特别受到人们的青睐。

小小观察站

切开猕猴桃，仔细观察，小朋友是不是发现绿色的果肉中还隐藏着许多黑籽呢？

提示：是。猕猴桃籽中含有丰富的蛋白质、脂肪和矿物质，有很高的营养价值。

▲ 瞧，猕猴桃不是长在树上，而是像葡萄一样长在藤上，它是一种木质藤本植物。

农作物充电站

猕猴桃原是一种黄褐色的野生水果，有人说是因为猕猴喜欢吃，所以叫猕猴桃，也有人说因为它的果皮覆毛，看起来像猕猴一样，所以才得了这么个名字。不管怎么样，它是一种品质鲜嫩、风味鲜美的水果，它的营养价值远远超过其他水果。

◀ 猕猴桃果实肉肥汁多，清香鲜美，而且耐贮藏。采摘下来的鲜果，在常温下放一个月都不会烂，如果在低温条件下贮存可保鲜半年。

火龙果，
是仙人掌的果实吗

别名：红龙果、青龙果、仙蜜果

佩佩日记

　　今天吃了火龙果，我就开始仔细琢磨起它的名字来，我想这个名字一定是因为它的外表。椭圆形的火龙果披着一件紫红色的带有肉质鳞片的外衣，像一团熊熊燃烧的火焰。我查了网上的图片，当它长在植株上的时候，远远望去就像一条飞舞的火龙。我想这就是"火龙"两字的来历吧，而"果"字一定因为它是水果。

　　火龙果脱下红色的外衣，就露出了白白嫩嫩的身子，身子上嵌着一颗颗像黑芝麻一样的小籽儿，那就是它的小种子，咬起来咯吱吱，有一种特别的清香，味道好极了！

◀ 火龙果有卵状而顶端极尖的鳞片。

小小观察站

　　如果有机会的话，观察一下火龙果的花什么时候开？

　　提示：火龙果的花像昙花一样，晚上九点钟左右开放，到凌晨五六点钟就凋谢了。

爸爸，火龙果是仙人掌的果实吗？

火龙果长在火龙果树上，火龙果树属于仙人掌科，并不是仙人掌。

农作物充电站

　　火龙果属于仙人掌科植物，不受天气影响，不用灌溉就能生长。每年的 5 月生长花苞，6 月就可采果，它的植株一直开花至每年 10 月底，采果最迟能到 12 月底。火龙果有光洁的巨大花朵，美丽的大花绽放时香味扑鼻，所以人们也把它作为盆栽观赏，而它的果实给人吉祥之感，人们又称它为吉祥果。

火龙果的果肉为白色或红色，它有近万粒具香味的芝麻状种子，所以其又被称为芝麻果。 ▶

菠萝，
太像佛祖的发型

别名：黄梨、露兜子

佩佩日记

　　今天陪妈妈去买水果，又见到了菠萝，菠萝长得真是奇特。头上扎着小辫子，身上长着一个个土黄色的小鼓包。卖菠萝的叔叔削去小鼓包果皮，就露出了金灿灿的果肉，上面布满了大"雀斑"，叔叔用刀给它做了一个"美容手术"，将"雀斑"都挖掉了。哈哈！挖掉"雀斑"后，菠萝就变成了一个"大蜂巢"。叔叔又把"大蜂巢"一切四块放进了盐水中，泡一会儿，可口的菠萝就可以吃了。

我们调侃别人时说"你头顶个菠萝，就是佛祖啊"，是因为菠萝果实的外壳有许多六角形刺结瘤，就像佛祖和菩萨塑像头发的螺髻。

小小观察站

　　菠萝身上的刺有规律可循吗？刺有什么作用呢？

　　提示：它的刺是为了自我保护，有了刺小动物们就不会轻易来吃它们了。

菠萝小时候好可爱啊，小朋友看到它的莲座状叶筒了吗？

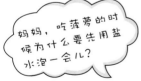

妈妈，吃菠萝的时候为什么要先用盐水泡一会儿？

因为菠萝中含有菠萝蛋白酶，会引起过敏反应，而盐水能破坏这种酶。

农作物充电站

　　菠萝和其他植物不一样，它具有莲座状叶丛。叶丛基部形成一个能蓄水的叶筒。它们生长发育所需的水分，不是贮存于叶肉内，而是贮存于簇生叶丛中央生长点处所自然形成的莲座状叶筒内，如果希望它们能茁壮成长，必须经常往叶筒内浇水，使叶筒内贮有充足的水分。

酸浆，
深闺里的"姑娘"

别名：姑娘果、香泡、菇娘

佩佩日记

　　今天，我和妈妈去超市购物，发现了一种样子很奇特的水果。黄澄澄、圆溜溜的果实被一层薄薄的枯叶包裹在里面，仿佛每个小果果都住在温馨的小家里面。我以前从没见过这种果子，问妈妈，妈妈居然也不知道。营业员阿姨告诉我们这种果子在北方很常见，叫"姑娘果"。你别说，这个名字还真是挺形象的。我们忍不住买了一点品尝，肉质很软，味道也很特别哦！

◀ 姑娘果成熟时挂满枝头，如同一串串灯笼。

小小观察站

带皮的酸浆的外形像什么？

农作物充电站

酸浆不仅是一种水果，而且还是药用果实，有清热解毒的功能。它的名字很多，最形象的就是姑娘果。因它的外表被一层薄薄的枯叶包住，枯叶缝隙里可以看见金黄的果实，像藏在深闺中害羞的姑娘一样。有些地方也叫它龙珠果、雪糕果等。

农作物游乐园

把果实揉果泥状，挤出来，仅仅留下果皮，像吹泡泡糖一样吹起来，然后将果皮的小圆口压在舌头上，用牙咬，这样会发出好听的响声，反复如此，果皮可很久不破。

姑娘果分红、黄二色，多籽。 ▼

松子，
为何松塔里找不到它

别名：松籽、松子仁、海松子

佩佩日记

"哇，妈妈，妈妈，快来看，我们买回来的松果活过来了！"当我看到茶几上的松果像花儿绽放着，松瓣也展开时，我简直惊呆了。妈妈却一点也不觉得奇怪说："这几天你好好观察吧，说不定会发现一种大自然的魔术哦。"

果然，我发现在晴朗的天气，松果就自然而然地慢慢张开；而在阴雨天，松果就乖乖地慢慢合拢了。这是怎么回事呢？等爸爸出差回来，我得好好地向爸爸请教。

小小观察站

为什么有时候松果是闭合状态，有时候是张开状态？

提示：松果会随着天气和湿度或开或闭。气候干燥松果鳞片一片片张开；气候潮湿鳞片就完全闭合，以保护松果内种子的干燥。

▲ 小朋友留意过松树的花吗？其实它们也很漂亮。

妈妈，我们吃的松子就是松树的种子吗？

对，但不是所有松树的种子都可以吃。

我们吃的松子就是松树的种子，它长在松塔里面。小朋友知道它们藏在松塔的哪里吗？

我们常见的松树有油松、白皮松、马尾松、华山松等。它们的种子都非常小，不适合食用。而我们在干果铺看到的松子，80%以上都是红松的种子。

农作物充电站

　　松果是松树的果穗。成熟的松果里面会有松子，松子就是松树的种子，可为什么我们平时见到的松果都是空的？原来松树的种子按形态分为两类。第一类，种子很大，饱满沉重，靠松鼠之类的小动物传播种子；第二类，种子又小又轻，带一片褐色的膜质翅，在干燥的晴天里靠风传播种子。

　　我们平时在城市中见到的松树大多是油松。油松的种子只有大米粒大小。在晴朗的日子里它的鳞片张开，松子就随风落下。所以，我们常常只能看到一个空空如也的松塔。低头细看，就有可能在油松树下看到带翅膀的小种子。

农作物游乐园

外出游玩搜集一些干净、漂亮的松果带回家，和爸爸妈妈一起做松果工艺品。

可把捡回来的松塔做成漂亮的装饰品，挂在车上、墙上或圣诞树上。

我们平时吃得较多的坚果,如果在野外发现了,小朋友能认出它们来吗?

榛子　　　　　　　　　　　　　　　板栗

大枣，
一日食仁枣，百岁不显老

别名：红枣、大枣

尚尚日记

爷爷家的院子里有一棵大枣树，它给我们带来了很多的快乐。

春末夏初，枣树开出了淡黄色小米般大小的花朵。夏天，它长出了一串串幼小如绿豆般的小果实。秋天，小果子越长越大了。俗话说"七月十五枣红圈，八月十五枣落竿"，只等大枣慢慢地由青变红，我和佩佩就可以拿起竹竿来打枣吃了。只需那么轻轻地敲打，很快就能落下许多枣儿。我们总是一边打一边忍不住吃起来，吃饱了就把地上的枣儿捡起装好，常常把衣兜、裤兜塞得鼓鼓的，可有趣哩！

小小观察站

枣树上有刺吗？它的刺有什么特点？

提示：有成对的针刺，直伸或钩曲。

农作物充电站

大枣因为含有丰富的营养物质，有"天然维生素丸"的美誉，算得上是著名的进补果实了。谚语"一日食仁枣，百岁不显老""要使皮肤好，粥里加红枣"都说明了红枣的营养功效。在一些地方的婚礼中，人们会在新人的床上撒上红枣、花生、桂圆、莲子，祝福一对新人早生贵子。

红枣是人们喜爱的果品，更是一味滋补强身的良药。▶

核桃，
能吃又能玩的坚果

别名：胡桃、万岁子、长寿果

佩佩日记

　　核桃的一端圆圆的，另一端有尖尖的突起。它的全身有两条对称的线。身上能看到很多像山丘，又像波浪一样凸起的图案。妈妈把买回来的纸皮核桃都倒出来，我们决定来个剥核桃比赛。我很快拿起一个放在地上，用力一踩，糟糕，里面的果肉也被踩碎了，唉！看看妈妈，她不紧不慢地拿出了她的秘密武器——核桃钳。轻轻一夹，等核桃壳稍微有破，便用手掰掉其他的壳，一个完整的果肉就呈现在我们面前。看来，做事情不仅要看速度，还要看质量。核桃的果肉就像人的大脑，怪不得人们称它为健脑食品呢。

小小观察站

当剥新鲜的核桃，汁液粘在手上后，手变黑了吗？这是为什么呢？

提示：因为鲜核桃表皮中含有核桃青皮素。人们可把它提取出来作为软色剂。

为什么吃核桃可以补脑呢？

因为核桃含有丰富的卵磷脂、维生素及微量元素，对脑神经有良好的保健作用。

农作物充电站

核桃又称胡桃或 羌(qiāng)桃。它的故乡是亚洲西部的伊朗，汉代张骞出使西域后带回中国。核桃仁含有丰富的营养素，可强健大脑。我们也发现很多人喜欢把核桃拿在手里把玩，其实，核桃分为两种，一种是用来吃的薄皮核桃，又叫棉核桃；还有一种是能藏、揉、赏的山核桃。山核桃果皮坚硬厚重，人们喜欢在上面雕刻各种精美的图案，还有的人喜欢揉捏核桃，以保持手指灵活性。

农作物游乐园

小朋友能从一堆山核桃中找出两个形状、颜色近似的吗？

吃青核桃的时候，核桃壳以及里面的壳还没有长硬呢，人们喜欢吃的就是那个新鲜。

阅己妈妈自然馆

大自然
启蒙教育书系

　　我们要解放小孩子的空间，让他们去接触大自然中的花草、树木、青山、绿水、日月、星辰以及大社会中之士，农、工、商，三教九流，自由的对宇宙发问，与万物为友，并且向中外古今三百六十行学习。

——陶行知